叛逆

拒绝一颗盲从的心，
让自己闪闪发光

REBEL TALENT

Why It Pays to Break
the Rules at Work and in Life

[美] 弗朗西斯卡·吉诺（Francesca Gino） 著
孙峰 译

中信出版集团 | 北京

图书在版编目（CIP）数据

叛逆天才：拒绝一颗盲从的心，让自己闪闪发光 / (美) 弗朗西斯卡·吉诺著；孙峰译. -- 北京：中信出版社，2019.3

书名原文：Rebel Talent: Why It Pays to Break the Rules at Work and in Life

ISBN 978-7-5217-0061-9

Ⅰ. ①叛… Ⅱ. ①弗… ②孙… Ⅲ. ①成功心理－通俗读物 Ⅳ. ①B848.4-49

中国版本图书馆CIP数据核字（2019）第025635号

叛逆天才——拒绝一颗盲从的心，让自己闪闪发光

著　　者：[美] 弗朗西斯卡·吉诺
译　　者：孙　峰
出版发行：中信出版集团股份有限公司
（北京市朝阳区惠新东街甲4号富盛大厦2座　邮编　100029）
承 印 者：北京通州皇家印刷厂

开　　本：880mm×1230mm　1/32　　印　　张：8　　字　　数：172千字
版　　次：2019年3月第1版　　印　　次：2019年3月第1次印刷
京权图字：01-2018-9019　　广告经营许可证：京朝工商广字第8087号
书　　号：ISBN 978-7-5217-0061-9
定　　价：48.00元

致

亚历山大、奥利弗和艾玛，

在现实生活的即兴戏剧中，你们是我生命中最重要的“三个人”。

目录

前言 准备就绪！

当听到“准备就绪！”这个指令后，我迅速从静悄悄的餐厅返回明亮喧闹的厨房去取下一道菜——“酥脆烤千层面”：几勺肉酱搭配调味酱铺在一张看起来像是千层饼一角的意大利面下方——经过小心翼翼地摆盘，这道菜看起来像是一面被微微烧焦的意大利国旗。另一位服务员皮诺（Pino）端起盘子，走向餐厅，我跟在他身后。当我和皮诺将餐盘放到一对在这里庆祝结婚周年的意大利名人夫妇面前时，我的双手在紧张地颤抖。餐厅浅蓝色和灰色的墙上挂着一些世界级的当代艺术作品，弗朗西斯卡纳餐厅的不同寻常之处可见一斑，这家位于意大利摩德纳的餐厅获评米其林三星，在2016年全球50佳餐厅排名第一位，是历史上第一家登顶该榜单的意大利餐厅。

回到厨房，我和皮诺端起另一道招牌菜——“蔬菜杂烩肉”。蔬菜杂烩肉是一道主要由煮肉做出的意大利北方经典的炖菜。传统做法中，这道菜包含牛身上的各个部位，比如牛舌和牛杂碎，与肉汤和青酱配着吃，有时候配一些辛辣调料。虽然这是一道冬日佳品，但看起来并不怎么让人赏心悦目，牛肉由于漫长的炖煮而失掉了颜色和味道。不过，这道菜就得这么做。意大利烹饪遵循一套极严格的规则：短通心粉配肉酱，长意面配海鲜酱。久负盛名的烹饪方式容不得丝毫差错。意大利文化珍视自己的传统，不论是烹饪、民间舞蹈、纪念圣人的节日，还是圣诞女巫日（善良的女巫会在一月份的这天晚上骑着扫帚送糖果），一切都是如此。

弗朗西斯卡纳餐厅的老板兼主厨马西莫·博图拉有意挑战蔬菜杂烩肉的传统烹饪方式。在和团队进行了多次试验之后，博图拉发现如果用真空低温烹饪（sous vide）的方式，将食材放到真空密封的塑料袋，再浸入热水中，在精确恒定的温度下煮几个小时，肉的味道和口感都会好很多。在这道菜中，6个不同部位的肉块通过真空低温烹饪，然后被切成方块，再被排成一列放到盘子中，旁边是一排翠绿的欧芹，还有用辣椒做的红色或黄色的吉利丁，最后点缀了几个刺山柑、意式小银鱼、一些洋葱和苹果酱。我得知这道菜的灵感来自纽约，博图拉年轻时曾在那里工作。这道菜是对中央公园的致敬，盘中的小肉块从青绿的泡沫树间冒出，像一座座摩天大楼，红色和黄色的吉利丁形成的草地上面散布着银鱼小人儿。这道菜给你一种无法用言语表达的味蕾体验，肉块入口之后像是初吻后的悸动般融化，一浪接着一浪地释放出强烈的风味：肉质厚实、肥美多汁，在淡淡的香草和吉利丁的调和下恰到好处。

厨房已经做好了 8 号桌的两份蔬菜杂烩肉。我小心翼翼地调整自己的盘子以便和皮诺保持一致，然后等他指示。我跟在他身后走出厨房，配合着他的移动，小心地护着精美的盘子。

我作为哈佛商学院（Harvard Business School, HBS）的教授，在意大利艾米利亚罗马涅大区中心的世界顶级餐厅端菜，这是在搞什么名堂？对于自己为什么出现在这里，我也很惊讶。我曾写过两篇关于快餐连锁店的案例研究，所以觉得到实地看看餐厅是如何运作的应该很有意思。于是，我联系了博图拉，他告诉我：如果想了解他的生意，我必须在厨房待一整天，然后在餐厅待一整天。我告诉他：没问题，实地访问是哈佛商学院案例研究的典型方法。而且，我是个土生土长的意大利人，总会抓住一切去意大利的机会。

第一天早上，我早早地来到餐厅。餐厅有三个用餐室，当我走进其中的一间时，看到一个身材高大的男人正在和员工聊天——这是朱塞佩·帕尔米耶里（Giuseppe Palmieri），餐厅的长任领班和品酒师。看到我这张新面孔后，他微笑着欢迎我。大家都叫他“贝佩”。贝佩把我介绍给皮诺，显然他的任务是让我远离麻烦。几分钟之后，我就开始和皮诺擦拭盘子和玻璃杯。接着，我们维护银器，然后是整理餐桌。之后，我们又做了一些其他活儿，包括检查是否在恰当的位置摆放了鲜花，为员工用餐摆好桌子和餐具。当中午我们为第一批顾客的到来做准备时，我突然意识到博图拉是想让我在这两天把餐厅的所有事都体验一遍，包括招待客人。我年轻时曾在意大利和英国的一些不显眼的餐厅工作过，但博图拉对此并不知情。让一个新手到顶级餐厅的大堂招待客人是相当冒险的做法，而且我上菜时双手还在颤抖不已。没有其他高档餐厅的老板会这么做。

这是典型的博图拉行事风格，他的很多管理决策都会给人一种冲动行事的感觉。2005 年，两位主厨加入了弗朗西斯卡纳餐厅：一位是近藤隆彦（Kondo Takahiko），大家都叫他隆，他来餐厅时是以客人的身份来吃午饭，但不久之后就开始在厨房做饭；另一位是达维德 · 迪 · 法比奥（Davide di Fabio），他刚开始发简历找工作，就收到了博图拉的电话，博图拉没用面试直接就给了他工作。当时贝佩正在博洛尼亚附近的一家米其林二星餐厅工作，博图拉曾经和妻子在这里用餐。他们第一次见面的那晚，博图拉在回家的路上打电话给贝佩，向他伸出了橄榄枝。博图拉的多次招聘都是这么发生的：快到好像是在不经意间发生的。

博图拉在家里 5 个孩子中排行第 4，他在摩德纳长大，那里离弗朗西斯卡纳餐厅不远。他母亲每天大部分的时间都在做饭，和他祖母并肩为孩子、丈夫，还有住在一起的小叔子、小姨子以及他们的朋友做饭。博图拉 5 岁时就经常观看他母亲和祖母做饭，好奇她们怎么用擀面杖做出意面和样式有趣的意式水饺。他的哥哥放学后会在厨房里追着他玩，随便找个东西挥舞着当武器。博图拉就躲在厨房桌子下面的安全地带，捡掉落在地上的意面渣吃。

博图拉从没上过烹饪学校，他开始厨师生涯源于叛逆。为了让父亲高兴，他曾就读于法学院，但在平淡无奇地过了两年后辍学。1986 年，摩德纳郊区的饮食店坎帕多（Campazzo）公开出售。

当时这家餐厅分崩离析，23 岁的博图拉没有餐饮行业经验。但他想——为什么不试试呢？毕竟，他做过大量烹饪。当他还在上高中的时候，他的朋友经常在深夜学习后或派对后来到他家里，而他总是在炉灶边忙活的那个人。他还记得 18 岁那年在意大利南部的萨勒诺海滩度假的情景，他拿着大喇叭对着水里玩耍的朋友们大喊，问他们晚上想吃哪种意面，是烤面条加干酪沙司还是番茄腌肉意面。

如今，博图拉 50 来岁，身材纤瘦，留着连鬓胡，头发斑白。他戴着厚实时髦的黑框眼镜，穿着舒适的牛仔裤，裤脚卷起。他的双手从不闲着。当供应商卸下新鲜的水牛芝士时，我正和他在一起，他立刻打开箱子，小心翼翼地取出一大块柔滑的乳白色芝士。为方便他品尝，一位员工拿来一副刀叉，但博图拉早已用手拿起一大块。“这味道太棒了！你一定得尝尝。”他边说边递给我一块。

很多企业都提倡遵守规则，而非打破规则。不论是一项工作的标准流程，详细的行政管理系统，还是工作中的着装要求，规则在组织中随处可见。忽视规则就会带来麻烦，甚至混乱。人们勉强忍受着那些格格不入的人，或者如果实在无法忍受的时候，就会让他们离开。

博图拉则不一样。在积淀了几百年传统的规则面前，他似乎完全我行我素，可是，他的一切行为都在餐厅神奇地奏效了且效果斐然。我从事商业研究 15 年来，去过人们工作的各种环境，与高管谈话，偶尔碰到过像博图拉这样的人：他们不畏规则，勇于打破规则；为了成就卓越，寻找更具创意和更加有效的方法，他们敢于怀疑自己的假设和根深蒂固的信仰，甚至质疑公认的规范；他们是“离经叛道者”，但他们的反常行为常常带有积极的、建设性的意义。

多年来，我研究了人们为何要在考试和纳税申报中造假，为何在相亲网站上说谎，以及为什么有那么多人闯红灯。我在研究因打破规则而陷入麻烦的人这方面已成了专家。但这些年来，我也看到了打破规则与创新的密切关系。没错，在探寻企业腐败和行为不端的过程中，我也发现了不少励志故事。在这些故事中，打破规则带来了或大或小的积极改变，这会让世界变得更加美好。我不禁在想，我们可以从这些人身上学到什么呢？他们的秘密是什么？

在产生这一系列好奇的同时，我也开始探索另一种现象。我调研过许多公司，大多数人都并不享受工作。同样的情形屡见不鲜：员工在工作一段时间后开始漫不经心，碌碌无为地度过大部分时间——毫无快乐和成就感可言。为什么会这样呢？或者换句话说，工作为什么会变得无趣？

有一次逛哈佛合作社书店（Harvard Coop）的时候，我产生了上述两个疑问。当时，我一边一只手拿着咖啡，一边浏览书架，突然我被一本书所吸引。这本书的样子有些特别（体积很大，酒红色的封皮上印着金色的粗体字母），书名是《永远不要相信一个瘦弱的意大利厨师》（*Never Trust a Skinny Italian Chef*）。这是一本幽默有趣的烹饪畅销书，但内容并不俗套。书中满是各种另类、有趣菜品的图片，比如酥脆烤千层面，每幅图还配有一个不同寻常的菜品起源故事。这是我第一次了解到马西莫·博图拉和他如何寻求“打破传统，开辟新式意大利厨房”的故事。我深知意大利人对传统的重视，所以马上意识到博图拉是个叛逆者，同时我也看到了他对工作的热爱。我从未想过打破规则和热爱工作之间有所联系，但这种关联似乎非常明确——两者往往形影不离。

虽然我在哈佛商学院教书，但我的研究基于心理学。不同国家和不同行业的组织在许多方面都不尽相同。然而，它们都有一个共同点：都需要员工为其工作。组织与心理学的奇妙之处在于它可以让我们了解那些表面上看起来没有意义的行为。研究公司会激起各种各样的问题，例如，我们为什么想逃避困难的谈话，如何有效地在团队中工作。要想回答这些问题，我们需要理解思维的运作方式，即决策背后的心理。这一心理学视角有助于我们理解叛逆者和他们所在的组织。

过去几年里，我在许多地方都发现了叛逆者，不论是杜卡迪（Ducati Corse）摩托车跑道，还是位于印度偏远地区的呼叫中心，都有叛逆者的身影。我曾穿过米兰大街，坐着四轮摩托飞驰过中东的沙漠，到访过各种制造工厂。我和音乐家、魔术师、外科医生、运动教练、首席执行官和飞行员进行沟通。我曾到过即兴表演的后台，参加过专业服务公司的欢迎和培训会。我曾访问旧金山的皮克斯公司，去了西雅图的维尔福软件（Valve Software）公司、纽约的高盛集团以及加利福尼亚的晨星（Morning Star）公司。

我在这些公司中所遇到的叛逆者来自各行各业，他们每个人都与众不同，但都拥有“叛逆天才”（rebel talent）的特质。通过观察，我总结了叛逆天才的 5 个核心特点。第一个是求新，寻找挑战以及新事物。第二个是好奇，那种我们在年少时都拥有的不停询问“为什么”的冲动。第三个是视野，反叛者拥有不断拓展世界观并从他人视角看问题的能力。第四个是差异，那种挑战既定社会角色，与那些看起来与众不同的人连接的倾向。第五个是真实，叛逆者做所有事情都力求真实，他们来者不拒，愿意和他人连接、向他人学习。

随着本书内容的展开，我将深入探讨叛逆天才的这 5 个特点，并展示如何像制作一道精致的菜品一样将这些要素成功合并。你将发现，叛逆是一种人人都能接受的生活和工作方式。打破规则并不一定会让人陷入困境，事实上，如果操作正确且把握好度，它可以帮我们获得成功。现实中有很多案例，我们将看到令人惊讶的叛逆舞台，例如房顶上立着巨大热狗的免下车快餐店，位于意大利阿尔卑斯山脚下的第一家意大利打字机工厂。我们将访问在高档酒店、番茄地、咨询公司以及好莱坞电影工作室工作的叛逆者。我们将研究那些愿意在两万多篮球粉丝面前暴露缺点的叛逆者。最后，我将分享叛逆者遵循的 8 个原则，以及我们如何通过掌握这些原则推动积极改变。不论我们的天性如何，不论我们处在生涯的哪个阶段，每个人都可以成为一个叛逆者。

我在研究中惊喜地发现叛逆天才在人们日常生活中意义非凡。我研究的初衷是了解工作中打破常规的现象，但我发现，打破规则还能丰富我们的生活。像叛逆者那样生活，你会充满活力。我亲自尝试过这种生活方式，它让我经历完全不同的体验。如今，我早餐会喝各种颜色的牛奶，在正式场合穿红色的运动鞋，而且总寻找那些乍一看可能不对，甚至是破坏性的积极生活方式。我希望本书也帮助读者发现自己的叛逆天才，从而帮助你们发掘自己的另一面。根深蒂固的习惯常常引导我们做熟悉和舒适的事情。我们要学着“打破”这些习惯。只有那样，我们才能做出改变——最终开启自己的成功之路。

第一章

拿破仑和卫衣

叛逆的悖论

并非是反叛者制造了麻烦，而是麻烦造就了反叛者。

——鲁思·梅辛杰

“前进！那些遗迹后面有 4000 年的历史在蔑视着你们！”法国士兵在埃及的烈日下行进了 12 个小时，已经疲惫不堪、又饥又渴，尽管如此，听到统帅的这句话之后，他们还是精神振奋。地平线那边，10 英里[1]开外的埃及金字塔隐约可见，但更为清晰的是尼罗河左岸的敌军。

这是 1798 年的 7 月 21 日。在拿破仑·波拿巴的指挥下，法兰西军队正在向距离开罗西北方向 18 英里的厄姆巴贝（Embabeh）行进。1798 年年初，拿破仑提出入侵埃及，他认为这将为法兰西带来新的收入来源并且给法兰西在欧洲的主要对手——英国当头一击。因为控制埃及意味着阻断了英国通往印度的交通要道——红

[1] 1 英里≈ 1.609 千米。——编者注

海。法国的入侵甚至可以让埃及人受益。埃及当时由穆斯林奴隶兵的后裔马穆鲁克（Mamelukes）统治。几个世纪以来，埃及人一直忍受着马穆鲁克的压迫，他们认为法国人能够拯救他们。现在，拿破仑已经将亚历山大城收入囊中，下一步就是拿下开罗，从而一举攻下埃及。

看看敌军这边，大约 6 000 名马穆鲁克骑兵以 40 台加农炮和一支土耳其小分队为翼，已经做好了战斗准备。战马在炎炎烈日下昂首直立，发出鼻息。骑手携带着各式兵器：火枪和手枪，棕榈树枝削成的投枪，各种可以别在身上或者马鞍上的战斧、狼牙棒和短刀，还有乌黑的大马士革钢锻造的短弯刀。为了这场荣耀之战，士兵们都包着头巾，身着宽松长衫，还携带着珍贵的珠宝和钱币。在靠近尼罗河和厄姆巴贝村的地方，大约伫立着 15 000 名民兵，他们基本上都手持棍棒、长矛或者长筒火枪。在尼罗河东岸驻扎着易卜拉欣贝伊（他和穆拉德贝伊是两名马穆鲁克酋长，“贝伊”的意思即为酋长）所带领的队伍。易卜拉欣贝伊的麾下是数千名马穆鲁克骑兵和大约 18 000 名民兵组成的步兵团。尼罗河上还有一支马穆鲁克小舰队，由希腊雇佣的水兵驻守。敌军的队伍合计超过 40 000 人。

法兰西军队在人数上明显不及马穆鲁克军，后者大约将 25 000 人部署为 5 个师，以炮兵和少量骑兵队应援。拿破仑认为马穆鲁克的排兵布阵具有优势。但穆拉德贝伊将他的部队部署在尼罗河左岸就犯了战略错误。法军无须冒着敌人的炮火穿越尼罗河进行攻打。如果情况不妙，易卜拉欣贝伊必须跨过尼罗河才能帮穆拉德贝伊解围。面对对方的优势，拿破仑决定速战速决，让部队仅休整了一个小时，然后下令 5 个师朝穆拉德的队伍进军。

在拿破仑看来，这并不是对方唯一的优势，马穆鲁克军的主要策略——骑兵冲锋，他们先是试图用声势浩大的行进震慑敌人，然后突然全体向敌人猛冲，重复运用这一策略从侧翼或者后方攻击敌人。在这一过程中，拥有娴熟近距离战斗技术的骑兵像人墙一般并肩前进。

对此，拿破仑想出了一个有效的对策：庞大的师团方阵。所谓的方阵实际上是长方形的——前方和后方由师团的第一旅和第二旅构成，两侧是第三旅。法兰西士兵排成中空阵型，中部是炮兵和补给。队伍可以在马穆鲁克军攻击时绕着中心旋转，清除进攻的敌军士兵。战斗开始一小时之后就立见高下，法兰西军队胜券在握。马穆鲁克军折损了大约 6 000 人，而法兰西这边只损失了 30 人。

这场胜利有多重意义：驱逐了马穆鲁克军团，解放了埃及人，法兰西帝国进一步向东扩张，增强了对欧洲大陆的统治。此外，拿破仑还在进军途中带来了 150 多名科学家、工程师和艺术家，他们在战争胜利后对埃及的历史展开了探索。埃及学的诞生揭示了金字塔的秘密及其建造背景。此外，由于埃及与法国的这层关系，埃及受到法兰西文化的影响，在后来的立法上还借鉴了《拿破仑法典》（*Napoleonic Code*）。

拿破仑的战略思想奠定了西方军事教育的基础。在筹划一场战役时，他会阅读对手的历史、地理和文化相关的书籍，并进行充分准备，避免重蹈覆辙。他总是努力寻求新意。这意味着有时他会攻其不备，给予敌人致命打击。在两军往往以排列有序的阵型进击的年代，拿破仑则带领部队快速出动，在敌人还未反应过来时将其包围。

拿破仑的军团体系颠覆了传统作战方式，让其他国家的战术相形见绌。这种军团体系将部队组织为微型军队，从而可以在行进时分头出击，也能在战斗时合为一体。军团之间的行进距离不超过一天的路程，每个军团都可以根据情况所需以及敌军的动态而快速切换为后卫部队、前锋部队或预备队。自从 1763 年法国在七年战争中战败，军事战略家和理论家一直在为改善法军状况而苦思冥想，拿破仑就是法兰西的救星。他通过 1798 年这场针对埃及的军事远征证实了自己的领导能力，奠定了权力的跳板。他于 1799 年策划了一场政变（史称雾月政变），让年仅 30 岁的他成了法兰西共和国的第一执政者。即便在他政治生涯高歌猛进时，拿破仑仍然继续研究成功的战略家和军官的著作，并将他们的观点在战场上付诸实践。比如，拿破仑的中心战略的核心来自皮埃尔·包色特（Pierre de Bourcet）的观点，他是皇家军队的参谋长，参与了包括七年战争在内的多项战争。该项战略包括将数量上占有优势的敌军拆分开来，以便各个击破。拿破仑常用的另一个策略是混合阵型：他将横排和纵排的阵型打乱，这样每个营的两翼都有一个步兵营纵队辅助。虽然这些概念并非拿破仑所创，但他完善了这些策略，他颠覆性的战略思想宣告了现代战争的诞生。

更令人惊讶的是拿破仑和官兵在战壕中并肩作战。历史学家认为他的“小伍长”绰号就是从 1796 年 5 月的洛迪战役期中得来的，当时他亲自接过一门大炮进行瞄准，而这通常是伍长的职责。当军队直面炮火的时候，他通常位于炮火最密集的地方。比如，1796年11月，在打响阿尔科莱战役的关键时刻，他抓起一面营旗，冒着凶猛的奥军战火集合队伍，直到一名下属军官把他拖走。每当战斗结束或敌人偃旗息鼓之后，拿破仑总是大汗淋漓、满身炮灰。他还努力记住手下士兵的名字，在战役打响前视察营地，和士兵们谈论家乡，传达战胜敌人的信心。在拿破仑的军队中，出身卑微的士兵也能晋升为军官，就和他自己的经历一样。

同样的精神也体现在拿破仑的政治改革中。法国大革命时期的法律通常不是平等的，当时甚至都没有成文的法律。他颁布了《拿破仑法典》，创建了一套强调"法律面前，人人平等"的法律体系。法典禁止与生俱来的特权，允许宗教自由并指出政府的职务应该论功行赏而非论资排辈。他确保税收体系能够平等地适用于所有人。他还意识到教育的重要性并进行改革，为当今法国及欧洲大部分地区的教育体系奠定了基础。他还实施了针对民政事务的各种改革，包括废除封建主义，确立法律平等，实行宗教宽容，在法律上认可离婚等。拿破仑对法国及整个欧洲的制度建设有着重大而深远的影响。

历史学家通常把拿破仑刻画成一个强权、贪婪和狂妄自大的人，但英国历史学家安德鲁·罗伯茨（Andrew Roberts）在传记《拿破仑的一生》（*Napoleon：A Life*）中证明了这种解读方式有失偏颇——拿破仑的垮台并非因为他骄傲自大，而是因为几个引起重大失败的小错误。其他人则不赞同这种解释。不过，毫无疑问的是，从战争策略角度来讲，拿破仑是个异类。欧洲的其他君主严格坚持军队的阶级性，以财富和贵族头衔为依据进行招募和提拔，并不考虑其资格和才干。与拿破仑同时代的许多将领都和部队保持距离，派遣手下将领进行指挥，而将自己置身战斗之外。拿破仑的做法则截然相反：他亲自投身于风口浪尖。

波士顿的一个寒冷的二月清晨，我冒着暴雪步行上班。哈佛商学院的教室里，110 位背景出众的高管正卸下随身物品，入座准备参加“管理人才”的讲习会。我将讲授晨星公司的案例，这家全球最大的番茄加工公司是我的一个案例研究对象，我基于对它的大量研究和访谈，写了一篇 15 页左右的文章。案例以这家公司另类的运营方式为主体。晨星公司没有老板，也没有职衔。公司的员工自行决定如何施展各自的技能以帮助公司发展，自行制定个人的工作职责，并在最终确定之前和同事进行讨论。

晨星的员工无需由经理提拔，而是主动接近那些和新设备打交道的专家。尽管公司没有研发部门，但拥有鼓励创新的强大奖励措施。那些成功做出创新的员工不仅可以获得财务奖励，还会赢得同事的尊重。这个案例中提出的一个困境是引入一项新的补偿机制以及它是否和公司的核心理念相一致。

课程开始了，虽然案例讨论通常以主人公面临的挑战和问题开始，不过这次我带领高管学员们进行了一个简短的自由联想练习。我问学员，当听到“打破规则”这几个字的时候，你们的脑海里想的是什么？

“混乱！”一家全球餐饮连锁店的 CEO（首席执行官）说道。而另一个学生喊道：“无序！”……我把这些词写到黑板上。有的答案是积极的：创新、创造性、灵活。但大多数回答都是消极的：犯罪、反叛、拒绝、有损声誉、行为不端、违法、格格不入、刑罚、惩罚、争斗、越轨……

诸如“打破常规者”、“不入流”和“偏离”这些词让我们联想到奇葩甚至危险分子。一名学生提及富国银行（Wells Fargo），因为该银行的员工套用真实客户的姓名伪造了上千万份虚假储蓄账户和活期账户。在客户发现自己被收取不明来历的费用，未申请而获批信用卡和信用额度后，监管机构处该银行 1.85 亿美元罚款，而银行方面则开除了 5 300 多名员工。

另一名学生提到了伯纳德·麦道夫（Bernie Madoff），这位金融经纪人说服了上万人将他们的存款交由自己管理。麦道夫运用打破常规的方式，让超过 200 亿美元消失在一个对冲基金表象下的庞氏骗局[1]里。如今，他因美国有史以来最大的诈骗案被判处 150 年监禁。

我们所做的大多数决策都基于明确的制度安排，我们参照预先指定的权利和义务。这些制度安排，有的直截了当，比如签订公寓租约或雇用一个保姆。还有一些比较复杂，比如在处理与政府和企业的关系时会面临明确的规则。例如，组织会在公司手册中规定休假时间和行为准则等。但富国银行却没有这么做，它的员工违背了按照客户最大利益行事的准则；麦道夫也没有这样做，他伪造监管

[1] 庞氏骗局，是对金融领域投资诈骗的称呼，是金字塔骗局的始祖。——编者注

报告欺骗他的客户。

同样，我们也遵守社会规范——在特定文化、社会或者包括朋友关系、工作小组甚至国家等社会群体中如何行动的不成文规则。例如，我们认为学生应该准时到达教室，准时完成作业，在图书馆应该保持安静，不打断别人说话，而且在公开场合要穿得体的衣服（至少在大多数群体中是这样的）。社会规范让社会生活有章可循，几百年来它一直在维持合作和文化演进上扮演着关键性角色。即便是两三岁的孩子也懂得许多社会交往背后的规则。我们往往理所当然地遵守社会规范，完全不考虑与其背道而行的可能性，认为违背规范会自找没趣、令人厌恶。违规者会招致流言蜚语和冷嘲热讽——它们是纠正我们行为方式的强大措施。在殖民地时期的美国，如果有人触犯社会规范，比如偷盗或者通奸，他们会被套上枷锁，在城镇中心当街示众。这种长时间的拘束让人难受，但更让人煎熬的是，自己在乎的人将知道自己的所作所为。

拥有共同的准则可以让社会运转得一帆风顺。在军队中，新兵从第一天起就被要求绝对服从命令，呼之必应。事实上，那些加入美国军队的人，不论是现役还是预备役，都庄严地宣誓要服从长官的命令。几千年来，全世界的军事领袖都通过严格的等级让军队在战斗的压力下维持秩序。

拿破仑的行事风格则颇为不同。1793 年，担任上尉的他被任命在土伦战役（Battle of Toulon）中指挥炮兵。土伦是一个重要港口，当时被英国反法同盟军占领。如果法国革命派不能取胜，就无法建立一支抗衡英国海上霸权的海军。法国大革命将随之偃旗息鼓。

当时一座炮台由于地势高，在轰炸中尤为关键，同时它也是敌人反攻中最薄弱的地方，因而其地理位置极为险要。拿破仑被告知没有士兵自愿坚守这座炮台。当他心事重重地穿过营地时发现了一台打印机，他突然有了主意。他打出一则标语挂在了这座炮台旁边："勇敢者炮台"。第二天早上，士兵们看到这则标语后，都争着要操控这门大炮。拿破仑自己则在炮手身边操纵推弹杆。从此以后，这门大炮日夜有人操纵。最终，法国人赢得了战斗，拿破仑声名鹊起。

打破规则并不一定会成为一个不招人待见的人。当然，麦道夫咎由自取，富国银行也应该受罚。但拿破仑打破规则，堂堂正正地赢得了地位和尊重。叛逆者也可能成为英雄，他就是最好的例子。

再回到19世纪，欧洲和美国的有钱人通常戴着镶钻的珠宝，纵情享受丰盛的美食和烈酒。当时美国中产阶级的奢侈更是有过之而无不及，使用大理石浴缸，在餐厅装饰着人工瀑布，花园里的树上挂着14克拉黄金做的人工水果。从经济学角度来讲，这种行为毫无意义。中产阶级消费起来竟然像富人一样。

这种行为引起了索尔斯坦·凡勃仑（Thorstein Veblen）的注意，这位挪威裔美国社会学家、经济学家以质疑当时的众多经济理论而为公众所知。凡勃仑认为这种消费方式展示出购买者有"浪费"钱的资本，而且这种消费的目的在于提高个人地位。有钱人的奢侈消费"为他们带来了荣耀，如今中产阶级就是在利用他们新获得的财产来购买精英地位"。凡勃仑将这一现象称为"炫耀性消费”：选择并炫耀昂贵的产品（比如跑车、高档手表和奢侈服饰），而不是选择相对实用、价格便宜的产品。炫耀性消费是人们在向其他人显示个人在财富方面的成功，即便这种成功主要是靠贷款换来的假象。

事实上，我们一直都在进行这种代价高昂的标榜行为。我们希望传递给别人的许多个人特点并非显而易见，例如投入度、敬业精神、合作性或毅力。结果你花几个小时参加瑜伽课程并非是因为自得其乐，而是因为想向伙伴们展示自己的自律。同样，你也许会参加费用高昂的商学院课程，向你的潜在员工传递自己的声望、才智和毅力。

诸如跑车、高档套装和珠宝之类的符号都有一个共同的特点：价格不菲。即便不用考虑经济负担，那些我们内心抗拒的瑜伽课也会夺去我们参与自己喜欢活动的时间和精力。这些符号背后还隐藏着一些个人风险。佩戴贵重首饰不仅会吸引他人的仰慕，还可能遭贼惦记；要是通过文身来标示刚毅，还可能让警察盯上。

这种哗众取宠的行为在动物界也很常见。以色列动物行为学家阿莫茨·扎哈维（Amortz Zahavi）指出，动物经常炫耀甚至冒着危险展示英勇，从而吸引交配对象并提升地位。雄孔雀展开华丽的羽毛在某种程度上是为了展示它们支撑巨大重量的能力，这是一种进化上的劣势（巨大的尾羽意味着它们奔跑时的速度缓慢，在捕猎者面前难以隐蔽自己）。羚羊通常会做一些高难度动作：当它们被饥饿的猎豹追逐时，它们不忘在空中做出特技般的跳跃，尽管朝着地平线埋头冲刺才是更好的选择。这种危险的行为传递的信息似乎在告诉猎豹："别找麻烦了。"同样，虹鳉在逃跑前会在捕猎者的眼皮底下游来游去。进化论中所提到的适者生存似乎只是故事的一部分而已。

从某种角度来讲，拿破仑加入"勇敢者的炮台"的决定似乎是愚蠢的。按照当时的社会规则来讲，他的这种冒险做法是自不量力。但他丢开这些包袱，告诉世人，他在传递一个成本高昂的信号——他可以恃才傲物，他拥有带队冲锋、赢得胜利的天赋。这是反叛思维模式的重要心态。

2012 年 5 月 7 日下午 1 点前，在一群狗仔队的等待中，一辆黑色 SUV 抵达达曼哈顿时代广场的喜来登酒店。脸书网（Facebook）联合创始人兼首席执行官马克·扎克伯格（Mark Zuckerberg）从车里出来，由安保人员护送进了酒店。他要参加一场跨国 IPO（公开募股）路演的启动仪式。与他同台的还有首席财务官大卫·埃伯斯曼（David Ebersman）和首席运营官谢里尔·桑德伯格（Sheryl Sandberg）。大约 50 名银行家和 550 位投资者，大多数都西装革履地挤在酒店，绕着大楼排成蛇形长队，周围是警察及手持笔记本的记者们。保安人员满脸严肃，他们谨慎地确认只有受邀者才能亲临路演现场。

脸书网的这次 IPO 可谓是技术界有史以来最受瞩目的 IPO。该公司近年来发展迅速。2012 年，它贡献了 56% 的在线共享内容，远超过电子邮件，后者以 15% 的贡献率位列第二。如果公司上市，扎克伯格不仅再次创造历史，回报那些支持他的投资者，而且将坚定地告诉世人，他在众多失败的社交网站中异军突起，凭一己之力找到了为互联网提供动力的正确方式。

这次路演不负众望，成为迄今为止金额最大的技术界 IPO——最高市值超过 1 040 亿美元。有趣的是，当天的新闻头条关注的却是扎克伯格的穿着。扎克伯格和史蒂夫·乔布斯（Steve Jobs）、阿尔伯特·爱因斯坦（Albert Eistein）一样，并不会在服饰上浪费精力。相反，他穿着样式随意、毫无时尚可言的工装，以典型的软件工程师的打扮出现在台上：灰色 T 恤衫、黑色套头衫、舒适的蓝色牛仔裤和简便的黑色运动鞋。整套行头可能都不到 150 美元。

“马克穿着他标志性的套头衫，这实际上是在告诉投资者他并不怎么在乎，他就是要做自己。”韦德布什（Wedbush）证券的分析师迈克尔·帕赫特（Michael Pachter）告诉彭博财经电视，“我认为那是一种不成熟的表现。他必须意识到自己是在寻求投资者的支持，他应该展现出对投资者应有的尊重，因为他要请对方出钱。”

事实上，在参加重要商务会议时的服装选择方面，扎克伯格并不是第一个让人眉头紧蹙的技术天才。1986 年，年轻的比尔·盖茨（Bill Gates）准备推动微软上市，传言当时一个公关顾问为了逼迫他脱掉标志性的松软毛衣，换上定制西装，几乎把他摁倒在地。史蒂夫·乔布斯起初在穿衣风格上做出过让步，但在苹果公司让许多人发家致富后，他又穿回自己标志性的高领毛衣。对这些领导者来说，衣着朴素意味着在嘲笑那种认为商务场合下要恰当穿着的社会规范。他们并非不清楚公司的着装规范，而是故意蔑视传统。

我们往往对不同场合下该如何表现一清二楚。例如，我们期待听众在听交响乐时安静不语，在摇滚演唱会上高声唱和，我们期待高管在会议上穿着正式等。组织以及社会上存在的规则和规范让人们在行事时有序可依、有章可循。但是，如同炫耀性消费和公众慷慨一样，当我们的行为不合常规或者违背预期时，超乎寻常的事情就会发生。

如果你到纽约第五大道的奢侈店挨家闲逛，你的心理预期可能是看到精心打扮的购物者提着大大小小的购物袋，里面装着价值上万美元的商品。这符合你对相关社会标准的期待。但事实上，我根据研究发现，那些颠覆这些期待的人更可能引起我们的注意和羡慕。

罗马是意大利的首都，而米兰是这个国家的时尚之都。关于这座北方城市的明信片通常都描绘着典型的哥特式大教堂、华丽的购物商场维托伊曼纽尔二世拱廊（Galleria Vittorio Emanuele II，世界上最古老的拱廊）以及著名的斯卡拉歌剧院（Teatro alla Scala）。不过，我在到访这座城市的时候，总愿意在“时尚黄金四角区”逛逛，其中包括曼佐尼街（Via Manzoni）、蒙提拿破仑街（Via Monte Napoleone）、史皮卡大道（Via della Spiga）以及威尼斯广场（Corso Venezia）。在这四条街上，你会看到来自意大利和其他国家的奢侈店，葆蝶家（Bottega Veneta）、阿玛尼（Armani）、华伦天奴（Valentino）、普拉达（Prada）、香奈儿（Chanel）、博柏利（Burberry）、迪奥（Dior）、凯卓（Kenzo）以及爱马仕（Hermès）。不论你穿什么衣服，都会在经过这些商店的橱窗时自惭形秽。周围气宇轩昂的房屋、布满常青藤的墙壁、格子门、微型喷泉及漂亮的天井都让这里成为城市中最华贵的区域之一。

2012 年，我和同事到米兰做研究时，就把视线定格在了这个时尚的黄金四角街区，我们认为这里最适合研究衣着传递出的信号。研究中，我们请奢侈品牌店的店员回答一份调查问卷。我们准备了一个情境的两个版本，描述了一位 35 岁左右的女士进入时装店的情景。在第一个版本中，这位女士穿着长裙和皮草外套；在另一个版本中，这位女士穿着运动服。店员需要回答一些关于这位女士购物的可能性的问题来评估这位客户的潜力。店员还要评估这位女士是否是名人或者 VIP（贵宾）的可能性。我们利用这些问卷衡量潜在客户在他人眼中的社会地位。

结果或许与你的预期相反，穿皮草的优雅女士所体现的地位并不如穿着运动服的女士。店员强烈认为穿衣风格朴素的客户是在刻意违背恰当的行为准则。“有钱人有时候穿着随意，以此显示优越感，”一个店员说道，“如果你敢穿成这样进入这里的时装店，你肯定会买点儿什么。”背景决定一切。当我们将同样的情境展示给米兰中央火车站的工作人员时，他们认为相比穿着朴素的女士，精心打扮的女士拥有更高的地位。

这一现象并不仅仅存在于时尚界。我们询问了美国的大学生，向他们描述一位顶尖学校的教授，要求他们进行评判。对有的学生，我们将这位教授形容为 45 岁，穿着 T 恤衫，留着胡子；对另一些学生，我们将教授描述为不留胡子、打着领带。学生们普遍认为穿 T 恤的教授地位更高。这里的关键认知是“人们刻意选择不随大流”。

为了彰显地位，对规范的违反一定要体现个人坚持我行我素，并且为特立独行付出代价的自我个性。在另一个研究中，我们发现参与者认为戴着红领结出现在乡村俱乐部“黑领结派对”上的嘉宾比按要求系着黑领结的会员拥有更高的地位——他们甚至是一名更出色的高尔夫球手。人们并不会认为戴红领结的人无知，而是认为他们在自己的领域有一席之地——是叛逆者。

几年前，我受命在哈佛商学院为竞争性城市倡议组织（Initiative for a Competitive Inner City，ICIC）连续讲两节 90 分钟的管理教育课程。我对这次机会非常感兴趣。ICIC 由哈佛商学院教授迈克尔·波特（Michael Porter）于 1994 年成立，是一家全国性的非营利组织，致力于针对美国城市居住区的经济和商务活动进行研究和咨询工作。该组织关注贫困率在 20% 以上且失业率高于大都市的居住区。来自十几个城市的大约 100 位公司、政府和慈善机构的领导人将参加其中的一堂课，这堂课旨在提升他们的协调技巧和影响力。我经常向从事管理工作的学员讲授这一主题，参与者也普遍认为课程很有价值，并且很容易将其运用到真实情境中。

教授哈佛商学院管理级别课程的人总是承受着很高的期待。作为教授，你很清楚学员的时间十分宝贵，一定不能浪费。学员们通常难以取悦，他们经验丰富，而且具有强烈的时间观念。我希望学员们能学有所得，也希望自己能获得他们的尊重；毕竟，如果他们认为我具有影响力、拥有权威，就会更加认真听讲并且记住我所教授的内容。我一般会花几个小时备课，因为我需要思路清晰，观点直白——还需要衣着得体。我不热衷于穿短裙，在教授管理课程时的穿衣风格是女士衬衫或者正装衬衫外搭一件风格保守的套装，外加一双正装皮鞋。

不过，我要教的那两节课程面对的是两组不同的学员，但内容一模一样。所以，我决定利用这次机会做个小试验，看看穿着对声望期待的影响。在第一节课结束后的休息时间，我脱掉了皮鞋，穿上了一双红色的匡威运动鞋。试想一下：我穿着深蓝色的雨果博斯套装，白色丝绸衬衫，却搭配一双毫不讲究的红色运动鞋。在我返回教室的路上，我的同事都投来了诧异的目光。

我通常难以分辨学生是否专注于课程材料并且享受我的课程，但那天我可以明显感受到两节课之间的差异：在我穿红运动鞋上的那节课上，学生似乎更加专心投入，他们的笑声也更多。其中的部分差异可能不仅仅是因为那双运动鞋，还有那双鞋对我的影响。虽然看到了同事的反应，但我自己并不以为然。不过，我感到更加自信。虽然我教授的是全新的教材，但我对它的教学效果更有信心，在引导学员讨论时更从容，在衔接各环节时更娴熟。

那天两节课结束时，我让学员完成了一项简短的调查，以评估我的专业状态和能力。例如，我要求他们猜测我在学校的职位，以及我的研究是否有可能被登载到《哈佛商业评论》（*Harvard Business Review*）。有趣的是，学员认为穿红鞋的我地位更高，而且咨询率也更高。这一切都归功于一双红色的运动鞋。

第二节课结束之后，我迅速返回办公室，思索着可以将红色运动鞋的试验拓展一下。于是，我设计了一个实验，邀请大学生完成一项一般人都觉得有压力的任务（至少在几杯啤酒下肚之前是这样）：在同伴面前唱出旅程乐队（Journey）的歌曲《一定要相信》（*Don't Stop Believin*）。在表演之前，我要求一半的学生把一件让他们感觉不自在的东西缠在头上——一块大印花头巾。（我期待这块大印花头巾能起到怪异行为的作用——我那双红鞋的头饰版。）另一半学生则不戴头巾。借助卡拉OK机的帮助，我们测量了学生的音准、心律以及自信度。结果，戴头巾的学生们唱得更好，心律明显更低，而且他们感觉更加自信。

我们可以通过不合常规的行为提升信心。在另一项研究中，我招募了几百名来自不同公司的员工，要求其中一部分人在接下来的三周内在工作上表现出不合常规，比如，说出自己不赞成同事的决策，说出自己真实的想法和感受而不是顺着他人的期待伪装自己，或者提出一些同事认为不符合惯例的想法。我要求另一部分人在之后的三周中规中矩，比如在与同事有分歧的时候保持安静或者点头赞同。另外，我们还设置了一个对照组，要求该组参与者在这段期间保持常态。三周过后，相比其他两组成员，第一组的成员表示他们在工作中更加自信和投入。在完成我交给他们的一份为期三周的跟踪调查时，他们也表现得更具创造性。此外，他们的上司也在他们的创新性和工作表现方面给出了更高的评分。

特立独行不仅可以提升我们的职业生活，还能改善我们的个人生活。和朋友在一起的时候，我们总会在讨论中迎合对方，即便我们并不赞同他们的论点。有时我们也可能会言不由衷，只为了取悦和我亲密的人。我们还可能会为了融入一个群体而打扮一番，或者在约会时和对方点一样的菜，即便我们自己更想点别的。在一项类似于研究员工特立独行表现的调查中，我要求一群大学生和 MBA（工商管理硕士）的学生坚持几周——在工作之余的个人生活中采用按部就班或者不合常规的行为方式。结果，不合常规的行为同样也能助力学生们的个人生活。不合常规的行为（例如在社交圈表达自己的真实喜好而非迎合众人）会提升人们在日常交际中的幸福感。有趣的是，这和参与者的预期恰恰相反。

虽然人与人之间有很多不同，但大家都渴望幸福。我的研究发现，人们的确可以通过叛逆的做法，通过蔑视常规的行为给生活带来更多的快乐。或许像红色运动鞋这样，一点点改变都能带来巨大的差别。

一位 30 岁出头的男士坐在阿姆斯特丹一家咖啡店前的一张小桌子前。通过他身后的两块大落地窗人们可以看到咖啡店里面的情形——墙上挂着菜单，一台浓缩咖啡机，服务员忙碌着给顾客送饮品和食物。这位男士是一部短视频中的主角，他在参与阿姆斯特丹大学心理学家赫尔本·范克里夫（Gerben Van Kleef）及其同事们的一项试验。这个视频有两个版本。在第一个版本中，这个男人的行为有违我们公认的公开场合行为规范。他把一只脚搭在另一张椅子上，把烟灰弹到地上。他看完菜单后，并没有把它放回架子上。当女服务员问他要点什么的时候，他粗鲁地回答："给我一份蔬菜三明治和一杯甜咖啡。"对于服务员的"马上就好"他也没有回应。在第二个版本中，他的举止得体，坐的时候双腿交叉，使用了桌上的烟灰缸。还小心翼翼地将菜单放回原处。当女服务员问他想点什么的时候，他的回答非常礼貌："请问，能给一份蔬菜三明治和一杯甜咖啡吗？"，并在对方说"马上就好"的时候表达了感谢。

想象一下，如果你在接待第一个视频中的人，你的感觉如何？我年轻的时候也做过服务生，可以肯定地说，我会觉得那个人很讨厌。毕竟，展现友好和尊重并不费力。得体地坐在座位上也不难。不幸的是，我们都会经常遇到这种令人厌恶的破坏规矩的行为。老板不敲门就突然走进你的办公室，打断你的私人电话。有人在电影院大声谈话，影响你观看电影。朋友在和你用餐时不停地翻看手机。在这些情况中，这些人对规则的破坏已经达到盛气凌人，从令人钦佩转变为令人厌恶。不过，研究发现，即便这些违反常规者让人无法接受，人们仍然认为他们拥有权势。

在范克里夫的试验中，参与者被分为两组：一半观看第一版视频，另一半观看第二版视频。看完之后，每个参与者都要回答几个问题，看看他们对视频中男人的看法，包括他们对这个男人权力地位的看法。结果呢？与那些看到这个男人遵守规范的参与者相比，那些看到男人违反常规的参与者更倾向于认为此人拥有权势。

权力通常和无拘无束相关联，我们认为有权势的人往往可以随心所欲。实际上，你可能已经在自己的职业生活和个人生活中察觉到，拥有权势的人和充满力量的人在做事时，毫不在意负面的结果。一项研究发现，在完成一项需要专注的任务时，那些内心强大的人更可能起身关掉惹人心烦的电扇——他们并不怎么在意研究者的想法。不论其权力是真的存在，还是只是自我感知，它都会让我们更愿意冒险，表达强烈的愿望和观点，按照我们内心的想法和冲动行事，而不在乎环境的压力。

我们认为那些打断他人的人比那些配合他人的人更加坚定自信，认为发泄愤怒的人比表达悲伤的人更为强大，尽管第二种情绪更容易被社会接受。当人们获得权力时，他们会更为蔑视常规。矛盾的是，这种违规并不会削弱他们的权力，反而会增强他们的权力，从而助长权力和违规之间彼此促进，最终走向极端，比如伯纳德·麦道夫那种情况。特立独行、权力和地位之间的关联给我们提出了一个更为深刻的问题：我们该如何利用自己在职业生涯中获得的权力和地位呢?

清晨，意大利摩德纳市中心斯特拉街22号，一条鹅卵石铺就的风景如画的街道。表明你已到达弗朗西斯卡纳餐厅的唯一标志就是低调的珊瑚色门面上刻着餐厅名字的一小块铜牌。上午9点左右，员工开始上班，餐厅活跃起来。伴随着一辆黑色杜卡迪摩托车响彻街道的发动机声，博图拉在团队到后不久到达餐厅。几分钟内，他就穿上了白色的厨师服，抓起一把扫帚开始打扫餐厅外面的人行道。

博图拉经常做一些别的厨师不愿做的工作。他会等待运送新鲜农产品、海鲜和肉类的货车到达后，跳上货车车厢，打开箱子检查农产品，并与送货员进行确认。在他得到满意的答复之后，他还会帮忙卸货。这是在弗朗西斯卡纳餐厅工作的兴奋之处。餐厅的所有人都清楚自己没有固定的角色，工作不受限制。在这里，人人都能选择自己的任务，而不像其他餐厅那样将任务交给其他特定的人去做。在很多地方，只有送货人从车厢卸货，只有糕点师准备点心，但在弗朗西斯卡纳就不是这样。每个人都可以试验自己的点子，用独特的视角挑战“领导”。博图拉自己对传统角色并不重视，甚至有些蔑视。在开工之前，他和员工一起用餐。在工作间隙，他要么帮着打扫卫生，要么和员工在餐厅外面踢足球。这些都不是典型的主厨行为。博图拉的团队非常专注，他们看到领导也忙碌在一线受到鼓舞，因而也要成就卓越。

第二章

有一只狗，名字叫“热”

创意天才

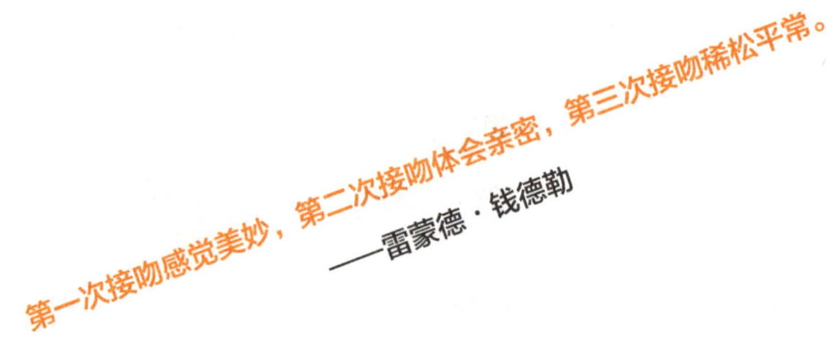

一个男人走到小舞台中心，拉过一把棕色皮椅坐下。他穿着一件白色无袖T恤衫和宽松的牛仔裤。我和我的丈夫格雷格（Greg）坐在台下，周围还有大约十几个人。我们所处的这个大房间白天供当地的公立学校使用，有一块地方还设置着不同的儿童活动区域——用于画画、阅读和拼乐高。房间里灯光昏暗。

男人伸出手，似乎抓着一个想象中的方形盘，然后开始开车。我从座位上起身，走上舞台，拉过另一把椅子，坐在他旁边。“欢迎来到企业号。”他说，“你听说做制服的新机器了吗？”

“嗯。”我说，“听说的时候我有些失望。在我们上次会面之后，我希望能够把焦点放在另一款产品上，从而启动我们的业务。我们不是说条纹内裤会成为下一个热门吗？”观众席传来笑声。一位名为雷切尔（Rachel）的女士从观众席中起身，拍了拍我的肩膀。我回到座位上，情节继续。“我不知道该说什么，”我悄悄地和丈夫说，“好像大家觉得有些没意思。”

格雷格笑了。“你没明白？你完全没接住包袱。那是《星际迷航》（Star Trek）的情境，埃里克（Eric）饰演的是柯克舰长。所以你把剧情完全带偏了。”埃里克并不是在开车——他是在指挥“联邦星舰企业号”。

我为自己和格雷格在剑桥市中心广场报了一个初级即兴喜剧表演班，这个地方离我们当时的住所并不远，需要每周一上两个小时，连续上 10 次课。那天晚上，我们玩了一个名为“演员轮换”的即兴游戏，由一位表演者开场，之后不断会有另一个人加入。每位新的表演者在加入时，都会轻拍并提醒已经在台上的人进行替换，并根据之前搭建的故事和角色继续表演。这个表演并没有任何预先设定好的内容，但仅在几秒钟后，所有人都会建立起一个基本的喜剧框架。当表演结束时，大家一起创造了一个相当复杂（且很有趣）的情境。

在即兴表演中，你只需要顺其自然。或许你对前一位表演者的选择不感兴趣，但你必须接受接下来的情节，并延续前面的情节，而不是背道而驰。所以，如果第一位表演者说：“这是个苹果。”你就不应该反驳说：“不，这是个小瓜。”这或许会博得他人一笑，但也会让表演陷入僵局。最好是遵循“是的，而且”这一原则，这是即兴表演的核心，所以，你不妨这样说：“对，我们可以在里面注入毒液，然后再献给王后。”前面提到的故事并不是我第一次

（或最后一次）完全没抓住前面学员的典故（我还没看过《星际迷航》）。但如果不是因为我放任这种鸡同鸭讲并顺其自然，我也不会体会到如此多的乐趣。

即兴表演的要点就是没有准备、没有脚本——要立即回应他人抛出的信息，倾听你内心的声音，并说出脑海中闪现的任何信息。英裔加拿大导演、编剧、演员兼即兴表演先驱基斯·约翰斯通（Keith Johnstone）曾经提到，即兴表演就像是通过后视镜开车一样：你不知道自己要去哪里，你只能看到自己走过的路。

这次即兴表演尝试是我 2011 年送给格雷格的圣诞礼物，那时我们还没有孩子，平时的晚上还有空出去。我以为这会是一个不错的礼物，因为我们可以周期性地一起参与一场全新的活动——我认为这场活动会带来自娱自乐、欢声笑语。不过，那并不是我唯一的动机。最近的研究表明，如果在浪漫关系中注入新鲜因素的话，我们将会在关系中更加投入，并从长远角度上体会到更大的满足感。我和格雷格过得都很开心。从我们第一次在洛根国际机场的警戒线相见之后，我们的关系就一直自然融洽，即便不同的文化背景也不会让我们在看问题上有所差异——我是意大利人，他出生在佐治亚州的沃纳罗宾斯（Warner Robins）。我清楚婚姻很容易受到平日里鸡毛蒜皮的耗损。我很好奇如果我们每周与未知的期待来一场约会，会发生什么？

一切都已决定：2009 年 6 月 27 日，我和格雷格将在我的家乡蒂奥内–迪特伦托结婚，那是意大利北部山区一个只有 3 000 人的小镇。想象一下，一个温暖的夏日午后，轻柔的微风吹过老教堂的穹顶，空气中飘荡着雏菊和玫瑰的淡淡香气，教堂的正门敞开着，迎接宾客的到来。小型管弦乐队用长笛、单簧管和长号演奏着柔美的乐曲，新郎紧张地等待着新娘……

我们兴奋不已。我妈妈或许比我们还要兴奋，她终于可以见证一场自己孩子的教堂婚礼，而且婚礼将包含所有的重要传统。我哥哥虽然反对婚姻，但他和他的伴侣及两个孩子的关系稳定；我姐姐和她的丈夫则是在市政厅结的婚。

婚礼前的几个月，我购买了白色的婚纱和吊袜带。这个传统可以追溯至 14 世纪，那时人们认为如果宾朋在离开婚礼时带走一件新娘的嫁妆就会有好运。新郎也要遵守一些仪式，包括将捧花献给新娘——作为在结婚之前献给女朋友的最后礼物。然后会有给宾客的婚礼纪念品和糖衣杏仁等。在传统的意大利婚礼中，杏仁必须包裹上白色的糖衣，而且送出的数量必须是单数。为什么呢？因为婚姻将两人结合起来，所以数量一定不能被二除开。婚礼结束后，我们度蜜月，这个名字来源于古罗马，新婚夫妇会在整整一个月内每顿饭都吃一块蜂蜜。

当然，尊重传统意味着新娘要穿白色长裙，这是意大利的独特传统。在传统的印度婚礼中，新人要诵读 7 首誓词，必须绕着圣火走 7 步，然后再问候 7 位已婚女性，才能算作合法结婚；在越南，新郎和新娘的家人则不惜一切代价避免数字 7，因为他们认为 7 会带来厄运。在拉美文化中，在女孩 15 岁的成人礼中，通常会有父亲帮女儿把平底鞋换成高跟鞋的仪式；在日本传统的成人礼上，父母通常会给女儿送一双平底草鞋作为礼物。

不论是庆祝宗教信仰还是动员政治行动，仪式和传统在不同的社会背景下都有着悠久的历史。如今，它们已成为家庭生活、工作场所以及更衣室里一股无处不在的力量。圣母大学（Notre Dame）足球队的队员在开赛前迈着统一的步伐从大学教堂走向球场，沃尔玛（Walmart）和新百伦（New Balance）等公司的员工通过唱歌和做伸展运动开始一天的工作。我在研究中发现，仪式感可以提升团队的表现。我和同事在波士顿的街道上组织了一场寻物游戏，我们发现，在活动中有仪式感的队伍比那些没有仪式感的队伍表现得更好。另一项研究有来自不同行业、从事不同工作的约 200 人参与，结果显示如果人们在工作中经常进行有意义的仪式性活动——包括和同事玩自己改版的宾果（Bingo）游戏，比如在星期六加班过半的时候大喊“中场休息”，或者来一段“快乐舞蹈”，他们会对工作更加满意。

仪式和传统的主要目的之一是灌输和培养价值。家中的每日祷告都会强调信仰的重要性，晚上的床头故事都在肯定教育、阅读和终生学习的重要性；周期性的家庭聚餐和家庭活动都会增进我们最为珍视的关系。共同的价值让人们获得珍贵记忆的力量。从另一个方面来讲，由于保持传统能给人带来不同寻常的意义和亲密，打破传统就会让人失望。

在我和格雷格举办完美婚礼的一年前，我们切身体会到了这点。那是 2008 年 9 月一个晴朗的上午，我们当时住在北卡罗来纳州的教堂山。我们在门廊喝咖啡时，终于决定是时候告诉我的家人了。大约两周前，我和格雷格在市政厅办理了结婚手续，处理了一些关于意大利人和美国人在美国当地结婚时需要注意的法律问题。我还没有告诉我的母亲。我知道，她听到这个消息会不高兴，甚至会大发雷霆。她可能会因为我对如此重要的传统草草了事而对我大喊大叫。

“这没什么大不了的。”格雷格安慰我说。我们准备在来年夏天举办一场实地婚礼——我们精心准备的传统婚礼。我拨通了母亲的电话。等她接起电话时，我立即说道：“妈妈，我有个好消息要告诉你。”

“你怀孕了？”

“不是，”我说，“我和格雷格结婚了。”

咔！她挂了电话。

当几天后我再次和她通上电话时，不出我所料，她朝我大吼。她很生气在孩子人生中最重要的时刻没有一个家人到场庆祝。没有和家人在一起的照片，没能留下她所珍视的记忆。尽管随着时间的推移，她对此已经释怀——我们在全家人的见证下举办了意大利婚礼，而且一切都很顺利。

仪式可以让人们凝聚起来，为生活注入深刻的意义，但它们通常会让我们失掉同样有价值的东西　　做出艰难决定时的体验。准备我的意式婚礼相当省心，因为大多数选择都不用我操心。（我们面临的最难的决定是选日子。）但整个过程对我来说并没有什么挑战和惊喜。当我们坚守传统时，我们就错过了新意——从而缺少了脱离脚本做事的刺激。我们会渐渐变得无聊，甚至盲目自大。叛逆者总是尝试新事物——就像我和格雷格对即兴表演的尝试，所以说叛逆者更胜一筹。

我们坚持传统和旧习，觉得它们的存在必定有充分的理由。在一项研究中，耶鲁大学的研究人员发现儿童会模仿成人的行为，包括成人犯的错误。这项研究中有一个练习，一组 3~5 岁的儿童可以看到一个被放到透明塑料容器中的恐龙玩具。一位研究人员采用不同的方法取出玩具。有些方法管用，比如拧下盖子；有些方法没用，比如在取下容器前用羽毛敲打容器的两侧。这些儿童需要指出哪些做法是愚蠢的，哪些做法是行得通的，并且会在认出正确的做法时得到奖励。这么做是为了说明成人有时候是不可信的，他们所使用的多余步骤有时可以被忽略掉。之后，这些儿童观看了大人用毫无意义的方法从容器中取出一只玩具乌龟的过程。当这些儿童自己在做同样的任务时，仍然会过度模仿，就像成人那样白费功夫。事实上，当儿童看到成人用一种在人类和猩猩看起来都属于无效和愚蠢的方式从容器里拿出奖品时，他们似乎丧失了搞清“正确”打开容器的能力。换言之，看到成年人做错事情会让儿童混淆正确做事的方法。

经验似乎是这个问题的解药，但事实恰恰相反，研究显示，随着年龄的增长，过度模仿的情况有所增加，成年人往往比学龄前儿童做了更多毫不相关的事情。难以置信？问问自己下面的问题：当你尝试了解一些新型的复杂设备（比如电脑）时，你是否常常老实地按照专家的指导操作？我的答案应该是经常如此，不知道你是否也一样。因为你可能会（也可能不会）在有人告诉你一个更加简单的操作办法时后知后觉。我们所“知道”的很多东西其实只是源于对别人知识的信任。我们相信，如果一种做法已存在很久，背后一定有它的道理，对吗？

我做了一个研究验证这一现象，研究中 4 个参与者被分为一个小组，每个组被分批带到房间观看一些演员叠 T 恤衫。有的小组看到的是演员们在使用有效的叠衣方法，而另一些小组看到的是演员们在叠衣服过程中增加了一些无关的动作，比如在叠衣服之前将 T 恤衫 3 个一摞地摞起来，或者不断地折叠再展开衣袖。在研究开始时，参与者被告知他们将根据给定时间内所叠 T 恤衫的数量得到报酬。（添加不必要的步骤显然会使叠衣服的速度放缓。）在观看了演员叠衣服的几分钟之后，参与者走上自己的位置。每个人叠 T 恤衫 10 分钟，直到另一组进来观看几分钟后接手他们的工作。这一程序将重复 6 次，每组 4 名参与者。

在那些看到别人效率低下地叠衣服的参与者中，有 87% 的人直接模仿了第一组演员的做法，因而在离开时拿到的钱少于那些观看了有效叠衣服过程的参与者。那些观看了几分钟演员组效率低下地叠衣服的参与者，将这一无效做法传递给了许多后续的小组。参与该研究的 336 人中仅有 3 人明确对效率低下的做法提出了质疑或者担心。这和现实生活中的情况极为相似，大多数团队成员都全盘接受毫无意义的工作方式且毫无怨言。

组织和社会中所沿袭的传统和仪式通常源于对日常常规的忍耐，而非深思熟虑。心理学家和经济学家将这一现象命名为：现状偏见。威廉·塞缪尔森（William Samuelson）和理查德·泽克豪泽

（Richard Zeckhauser）在 1988 年首次提出了这一概念。在一项研究中，他们向参与者提出了一系列决策性问题，其中一些问题包含坚持现状的选择，而另一些问题则不包括这个选择。当提供现状选择时，参与者倾向于维持现状，即便从客观来讲这种选择属于下策。

我们频繁地将根深蒂固的传统和仪式视为理所当然。当我们对事情的现状习以为常时，就会将偏离现状视为损失，我们对这些损失颇为计较，却忽视改变所带来的潜在收获。事实上，当面对一个胜率和负率相同的机会时，人们普遍在收益价值是潜在损失两倍的时候，才愿意接受这个机会。如果我们能够将对失败的畏惧搁置一旁，就可能抓住获胜的机会。然而，恐惧让我们踟蹰不前，将我们束缚在现状里，尽管改变才符合我们的最大利益。

*研究即兴表演的历史让我追根溯源。*据称，这种艺术形式的直接起源是意大利的即兴喜剧。在 16 世纪的欧洲，表演者跟随剧团游历各地，在公共广场上演出。表演的框架一般是在一个特定的“情景”内进行即兴对话。这种表演从一开始就和主流的剧院表演背道而驰，它要求表演者拥有超常的即时反应能力。

在喜剧没落很久之后，英裔加拿大剧作家基斯·约翰斯通和美国表演教练薇奥拉·斯普林（Viola Spolin）在 20 世纪 50 年代改进了即兴表演。他们两人在同一时期分别对即兴表演做出了各自的贡献，并以各自的方式为表演舞台带来了新意。约翰斯通当时在伦敦写剧本并教授表演，他认为现场戏剧表演已经变得矫揉造作，仅仅迎合知识阶层和上流社会，他希望为那些喜欢球类游戏和拳击比赛等娱乐项目的普通人创造一种艺术形式。他的答案是——引入一种新的表演方式——“即兴表演”，并杂糅了剧场体育这种娱乐形式，将其所借鉴的运动中的组队、评委、记分和竞赛等特色改良并纳入即兴剧场。不同小组通过竞争获得评委的分数支持，而观众则可以为自己喜欢的表演呐喊，并向评委起哄（“杀掉裁判！”）

在与演员合作时，约翰斯通努力帮助他们在作品中表现得更加自如生动。鉴于他自己的童年生活，他认为教育体系抑制了创造性。他颠覆了将儿童视为不成熟的大人的观念，而把成人视为退化的儿童。约翰斯通列出了一些“老师不让我做的事情”，并告诉他的学生要反其道而行之。这种非常规的方法和策略成功地帮助演员们更加即兴地表演。

20 世纪 20~30 年代，斯普林在她的家乡芝加哥对大众戏剧有着和约翰斯通同样的热情。她发现，如果课堂采用一系列游戏形式，儿童就会享受学习表演的过程，因而，她以同样的方式教授成人。她在一个指导移民儿童进行喜剧表演的公共项目中发现：可以将同样的技巧用于启发成人做出创意十足的表现。斯普林的儿子保罗·西尔斯（Paul Sills）在 20 世纪 50 年代中期发展了这些方法，推动了一项以芝加哥大学为中心的即兴表演运动。西尔斯成立了指南针剧团（The Compass），并最终催生了著名的即兴戏剧团体——第二城（Second City）剧团。许多喜剧名人，包括蒂娜·菲（Tina Fey）和比尔·默里（Bill Murray）都是从那里起步的。

在我和格雷格即兴表演探险之旅的第三周，老师要求我们所有人都围成一圈坐在地上。我们要玩一个“单词故事接龙”的游戏。

老师给出故事的题目并选一个人说出第一个单词。这个人左手边的学员接着说出下一个单词，绕着圈子以此类推，一直继续。这个游戏的关键在于学员每次只说出一个单词，就像是一位讲述者在用正常的交流语速讲了一个连贯、新颖的故事。

“你们的题目是——”老师开始道，“一只毛茸茸的狗坐在炉子上。”

然后我们开始接龙，“一只——名叫——“热”——的狗——喜欢——坐——在——一个——红色——以及——黄色——炉子——上。——一天——它——没有——意识到——炉子——点着了——所以——它的——屁股——感觉——比——往常——暖和……”

故事就这样继续，以一只鹦鹉喊到“屁股——着火了！”结尾。

在即兴表演中，我们与他人的交流都是不可预测的。我们不知道对手接下来会说什么，其他人会如何反应，甚至不清楚剧情何时会结束。其他的表演者可能会提出一个我们一无所知的话题。不过没关系。即兴表演的目的是永远即时地给出纯粹的回应。象棋和乒乓球是深受大众欢迎的两种游戏，想象一下人们在下棋和打球过程中所使用的策略。当你下象棋的时候，你需要提前谋划。你既要专注地遵循自己的策略，又要预测对手的策略。相比之下，你在打乒乓球的时候需要给出瞬间反应。你可以预期下一次截球，但最好的办法是关注球在当下的移动。即兴表演也是这个道理：你不可能截击，除非其他表演者出球。

这种不可预测性让人焦虑，但它也助燃了我们对新奇的需求，而且颇为强烈。19 世纪 60 年代，德国动物学家艾尔弗雷德·布雷姆（Alfred Brehm）将一箱蛇放到了关着几只猴子的笼子中。猴子们揭开箱子时吓了一跳，这个反应和其他任何种类的猴子（以及大部分人类）一模一样。然而接下来猴子的做法出人意料：它们再次揭开箱子，又看了一眼蛇。自从布雷姆公布了这些发现后，科学家研究了 100 多种爬行动物和哺乳动物对从未见过事物的反应。无论它们看到的东西多可怕，这些动物都无法抵挡住新鲜的诱惑，总会再看上一眼。

新颖性推动人类和动物接触自己不熟悉的事物。事实上，这种对新奇的强烈渴望具有进化方面的根源，它能够让我们对环境中的友好和威胁因素时刻保持警惕，从而提高我们的生存机会。新晋父母会很快发现，婴儿在看到不熟悉的东西时，会不断地看、不断地听、不断地玩弄。我刚做母亲时最喜欢的时刻是观察儿子第一次注意到自己小手的时候。他的发现过程可以看作是学习的过程：他疑惑自己身上那对奇妙的附属是干什么用的，这种兴趣正是他控制自己双手的第一步。对新奇事物的偏爱是不成熟的认知机制在处理信息时的有效方式，它能够帮助婴儿在启动内在探索前应对环境中的变化。

有趣的是，根据人类基因学，人们对新奇的偏好和早期人类跨越地球、长途迁移有关。近期的研究显示，从非洲迁移到最远地带的人群拥有更多和寻求新奇相关的基因。意思是，背井离乡、跋涉遥远路途的人将拥有体验神秘新地方的生物倾向。不过，即便我们出生时都拥有强烈的寻求新奇的动力，这种动力也会随着时间的推移而逐渐消退。随着我们年岁的增长，其他的欲望会逐渐占据上风，比如更希望一切在掌控之中。我们成立或者加入的组织反映着这种现实：期待每周或每月的固定时间发薪水，根据已有的程序进行评估，从事由熟悉活动构成的工作。

新奇带来的兴奋——在陌生的城市偶遇老友，购买新车或者获得提拔——能够让我们因幸运而感到快乐和奇妙，但这种感觉只是暂时的。你和你的朋友终将告别；你的车子终会失去新车的味道，开始显得平庸；升职会带来新职责的压力。慢慢地，我们意识到一个残酷的真相：情感体验的强烈程度会逐渐消退。

快餐连锁帕尔斯（Pal's）餐厅在田纳西州东北部和弗吉尼亚州东南部拥有 29 家分店。其中大多数店面都是约 1 100 平方英尺[1]的双层方形免下车餐厅，餐厅房顶立着汉堡和薯条的雕塑。该餐厅的特色是速度快，员工也都训练有素：完成一份两个双面三明治加两杯饮料的套餐大约只需 45 秒钟。餐厅的工作流程高度标准化：不论是点餐、烤肉、烤面包还是制作汉堡，员工们都能按照流程进行零失误操作，即便是高峰时段也不含糊。餐厅内的工作职责分别由 15 个岗位承担。员工在通过测试后可以在其中一个岗位工作，而通过考核的标准只有一个，就是得到满分。

所有企业都面临着相同的难题：它们希望依赖员工，让自己在市场中保持盈利和竞争力，但员工总是需要新挑战。帕尔斯餐厅就

[1] 1 平方英尺≈ 0.0929 平方米。——编者注

是那种很容易让人产生厌倦的工作场所。但餐厅管理者想出一个巧妙的办法来应对高度标准化工作带来的沉闷乏味，员工在上班前完全不知道自己的轮岗顺序。星期一的第一项任务可能是制作奶昔，然后炸薯条；星期二可能是做饼干和送餐。这样，员工就不会出现放任自流的状态，而是全情投入。新奇是一种激励方式。

帕尔斯餐厅的表现令人瞩目：平均每个免下车订单只需 18 秒（同行则需要几分钟）即可完成，每 3 600 单仅有一次失误（行业平均为 15 单一次），客户满意度得分为 98%，卫生检验得分高于 97%。管理层和一线人员的流动率非常低。销售业绩也同样出色：每年每家店收入约 200 万美元。事实上，虽然快餐行业竞争激烈，全球行业巨头麦当劳（McDonald's）、汉堡王（Burger King）和温迪（Wendy's）占据市场主导，但帕尔斯在财务方面也表现得惊人。不论是从每平方英尺的收益、毛利润、销售利润率、资产还是客户满意度方面，它都完胜竞争对手。

正如这家快餐连锁店所示，即便是最为枯燥的工作也有变化的空间。我和同事布拉德·斯塔茨（Brad Staats，现就任于北卡罗来纳大学教堂山分校）分析了在一家日本银行处理住房贷款申请的职员们于两年半时间内所做的交易数据。根据按揭流程，每个员工需要处理 17 项不同的任务，比如扫描申请表，对比原件和扫描件，输入申请数据，对比申请信息和保险标准，并进行信用核查。当一名工作人员完成一项任务之后，系统会自动分配一项新的任务。我们发现，当工作人员在几天内接到的任务种类较为多样时，他们的工作效率（以处理任务所用的时间衡量）较高。

变化是一种刺激因素。

新奇能增加我们的工作满意度、创造性和整体表现。它还能提升我们的信心和能力。阿什兰大学的心理学家布伦特·马丁利（Brent Mattingly）和蒙莫斯大学的加里·莱万多夫斯基（Gary Lewandowski）进行了一项研究，要求参与者了解一系列事实性知识。有的参与者拿到的事实有趣、新颖和让人兴奋（例如，“蝴蝶用脚尝味道”），而另一些参与者得到的事实则较为无趣（例如，“蝴蝶刚出生的时候是只毛毛虫”）。相比阅读平庸的内容，阅读有趣的内容会让人觉得自己较为渊博。他们会觉得自己更像是一个大师，因而对自己更加自信，相信自己可以完成未来的新任务。在面临新任务时，他们也会更加努力。

这背后的部分原因是，新奇和愉悦在我们的大脑中深深纠缠在一起：新奇催生惊喜，惊喜带来愉悦。蒂姆·威尔逊（Tim Wilson）在弗吉尼亚大学开展了一系列研究，发现当人们在接受意料之外的友好表示（比如获赠礼物）时，如果不知道赠予方是谁，他们所体会到的幸福感最为持久。在另一项研究中，研究者让参与者观看一部以真实故事为依据的励志电影，然后给他们两篇文章，文章的内容为电影中主人公的后续经历——一篇是真实的，一篇是虚构的。两篇文章讲述的都是积极向上的故事，但具体细节略有不同。一组参与者被告知了哪篇故事是真实的，而另一组参与者则被蒙在鼓里。结果，不知情小组的成员在看完电影后维持了长时间的积极情绪。不确定性增加了参与者的愉悦感，而并非减弱这种感觉。

另一个因素也是新奇的重要来源：刺激。在 1993 年发布的一项经典研究中，心理学家阿瑟·阿伦（Arthur Aron）和他的同事找了 53 对中上阶层的中年配偶填写一份关于婚姻质量的问卷。他们给参与者列出了 60 项夫妻可以一起从事的活动，比如外出用餐、看电影、听音乐会、看戏剧、滑雪、远足或者跳舞。每个参与者都要评估在和伴侣进行各项活动时的兴奋度和愉悦度。有的夫妻双方给出的评分差异巨大。一方可能热切地期待自己所喜欢的节目更新，而另一方则可能觉得坐在电视机前百无聊赖。同样，一方可能喜欢坐过山车，而另一方可能想都不敢想。

之后，这些夫妻被随机分配进行三种不同条件的活动：在第一种条件下，参与者要进行一种夫妻双方都认为“刺激”但仅为中等愉悦的活动，周期为每周一次，每次 90 分钟，总共持续 10 周；在第二种条件下，参与者则选择一个双方都认为“高度愉悦”，但并不“刺激”的每周活动；在第三种条件下，参与者不参加任何特别的活动。研究者发现，进行高度刺激但只有中度愉悦的活动明显改善了夫妻关系。进行另外两种活动（仅参加愉悦活动或不进行特别活动）的夫妻则没有变化。心理学家由此得出，所谓一段激动人心的经历不仅要带给人新奇感——还要充满挑战。

一项针对一百对夫妻进行的研究发现，如果夫妻连续 4 周每周进行一项至少 90 分钟的双方都认为刺激的活动，他们会感到更强烈的幸福感和对双方关系的满意度。这种影响能够持续至少 4 个月。事实上，随访研究发现，新奇活动为夫妻关系带来了明显的改善，而缺乏新奇活动的夫妻则处境尴尬。缺乏新奇会让人觉得生活无趣，从而造成负面影响。一项纵向研究发现，如果生活缺乏新奇感，已婚夫妻在结婚 9 年后会明显感到对彼此的满意度下降。

研究发现，即便是简单的新奇活动，比如一起学习一个新菜谱，一起看一部电影，一起尝试一个探戈舞步，或者随便找个话题聊聊，这些都能提升人际关系的质量。一项以 274 对美国已婚夫妇为对象的研究发现，结婚 10 年以上的夫妻有 40% 称仍然“深爱彼此”，这种状态和他们共同进行新奇活动有关。有趣的是，当我们和伴侣一起进行刺激的活动时，我们也会觉得对方充满魅力，并对双方的关系充满期待。这项研究的意义并非建议夫妻二人去学悬挂滑翔，而是告诉你可以通过一些简单的活动寻求新奇，比如到城里不熟悉的地方走走，尝试一家新餐厅或者试试即兴表演。

说来也奇怪，新奇甚至比稳定还重要。我曾对 300 名新员工进行了一项研究，发现他们在工作上体会到的新奇感越多（通过学习新技能，认识新同事或者从事富有挑战性的任务），他们对工作的满意度就越高，越能够积极面对工作，并且愿意在这个公司待更久。相反，稳定性似乎并不会带来这些优势。当员工提出自己的工作“似乎每天都差不多”时，他们的满意度会大打折扣，而且更可能离开公司。

在另外一项为期 6 周的研究中，我招募了大约 500 名来自全美不同公司的员工为研究对象。这项研究的灵感源于阿瑟·阿伦对新奇和浪漫关系的研究。我随机将所有参与者分为 3 组。我要求新奇组的参与者抽出一些工作时间（至少每周一次）做一些新奇或者有挑战性的任务，例如接触一位其他部门的同事，学习一项新技能，或者做一件超出他们舒适区之外的事情。为此，我连续 5 周每周提醒他们一次。对于愉悦组的参与者，我则要求他们在工作中抽时间做一些他们享受的事情，越多越好。控制组的参与者没有接到任何要求。

在第 6 周结束时，所有参与者都需要完成一项关于工作满意度、参与度、忠诚度以及创新性行为的在线调查。我还在获得允许后，向参与者的领导询问了他们的工作表现。正如阿伦在研究浪漫关系时所发现的一样，新奇感得到提升的参与者在我设置的所有评估条件中都获得了最高分。我对大量欧洲员工和一家印度大型零售公司员工的研究也得到了同样的结论。新奇在工作（以及关系）中的价值似乎相当普遍。

在帕尔斯餐厅，管理者定期提出了一些新的挑战。一位经理喜欢每周和他的员工做交易，例如，这位经理告诉在点餐窗口工作的员工，如果她能准确地预测接下来一小时内 100 位免下车客户所点的食物，她将得到一张 100 美元的礼品卡。这位员工在向我讲述这个故事的时候，称自己起初认为这是一项不可能完成的任务。我也这么认为。但她接下来告诉我，帕尔斯餐厅的顾客大多数都是回头客，他们每周会开车来点 3~5 次餐。“一段时间后，你就能认出他们，以及记得他们出于习惯所点的东西。”她解释说。结果，她获得了奖励。

2011 年圣诞节，我把给格雷格的礼物装在用红丝带系着的大盒子里，当他打开放在圣诞树下的那个礼物时，我看出他有些失望。作为一个技术控，他可能期待我送他一个新的设备，但盒子里除了一张介绍即兴表演课的纸之外空空如也。他自己从未想过要去做这种事，显然他也不感兴趣。我认为他错了——等我们开始上课后，他会爱上它的。但上完第一节课之后，他说自己讨厌这节课。在陌生人面前毫无准备地表演让他感到不适。更糟糕的是，他不觉得自己搞笑。

第二次课也没怎么改变他的想法。在一个叫作“三件事”的练习中，我完全能够看出他的表情。所有人站成一圈，一边像敲打桌子一样挥舞着拳头，一边整齐地喊：“三件事！”规则很简单：一个学员转向旁边的学员说出一个种类，如，你衣橱里面的三样东西，三个燕麦的品牌或迟到的三个糟糕理由。旁边的学员必须尽快喊出三个答案。之后，全体人员再次开始齐喊：“三件事！”下一个人再说出一个种类。有时候答案和给出的种类“完美契合”，有时候却风马牛不相及，不过这都没关系——脱口而出的任何回应都是正确的答案。这个练习的关键是产生并鼓励快速反应。

我站的位置正好和格雷格相对。一个学员在转向格雷格的时候喊道：“三件能够藏在鼻子里的东西！”格雷格怔了一下，不知所措。犹豫了几秒，看到大家鼓励的微笑后，他不再紧咬嘴唇，而是说道：“我的手指，葡萄干和一分钱。”课程结束后，当我们走出大楼时，“三件事”的练习依然在他脑海里挥之不去。“真是尴尬。”他有些痛苦地和我说。

不过不久之后，情况开始转变。格雷格学会了充分享受这类课程，而不再担心别人的看法。他拥抱当下，为自己的课堂表现感到惊讶。他沉迷于每个课堂练习所带来的体验和感受，并开始真正享受即兴表演。某一节课带给我们的快乐会持续到第二天，甚至第三天。我们开始和朋友分享我们的热情，向他们描述我们在课堂上遇到的有趣情境或笑话。如果我想到的典故让格雷格忍俊不禁，我通常也会笑起来。

后来，我们身上都发生了有趣的变化：我感觉自己掌握了一种新的技能。我们可能永远都不会成为伟大的演员，但我们学会了如何表演，接受自身的强项和弱势，并且相互支持。我们可以毫不忌讳地自嘲。后来在课堂上再次进行“三件事”的练习时，我们会不假思索地说出答案。我们变为瞬间回应的大师，不再害怕未知，因为我们知道不论如何，都会以欢笑结束。

心理学家称这种体验为“自我扩张”（self-expansion）。当我们进行新奇活动并习得新技能的时候，我们对自我的认识就会有所延展，在形容自己的特征时，我们会想到更多的词语。自我扩张还能提升我们达成个人目标的信心，即便我们并不擅长那件事。另外，它还能提高我们实现目标的投入度，不论过程多么艰难。阿伦认为自我扩张是一段良性关系形成的意外结果。我们和伴侣变得亲密后，就会从他们身上学到新的东西，而我们自己则会“扩张”，在知识和兴趣方面有所拓展。

在参加这次即兴表演课之前，我和格雷格都不认为自己擅长搞笑。虽然现在我们不会自欺欺人地认为自己可以参加《周六夜现场》（Saturday Night Live，美国一档喜剧小品类综艺节目），但我们对自己有了更全面的认识：我们知道自己也能自嘲，不再担心在陌生人面前毫无防备。这段偶尔让人害怕的经历让我们得以从全新的角度了解对方，从而让我们更加亲密。阿伦曾说，自我扩张源于对成长和改变的自然需求。当我们挑战自我并跳出现有知识和能力范围的时候，我们会反抗眼前的舒适区，进行自我提升，并为伴侣、同事或者公司做出更大的贡献。

即兴表演课的第三周，我们在课堂热身环节做了一个叫作“热点”的游戏，这个游戏让我觉得特别不自在。所有人站着围成一圈。一个人进入圈子中心开始唱歌，然后其他学员轮流到圈里唱歌。我第一次唱歌的时候，感觉非常不舒服。我原本就不太会唱歌，而且我的声音又细又弱。但这个体验的魅力在于我无暇关注自己的不适感。我需要关注外界并支持我的同学，让他们尽量轻松地熬过站在圈子中心的不适感。我发现对他们微笑，跟着唱或者在他们感到困难的时候尽快接替他们的位置就能帮到他们。那之后的几周，当我再次在大家的注视之下到圈中心唱歌时，我不再局促不安，而是体会到唱歌时的兴奋。我的声音变得更加有力且更为自信——虽然我唱得仍然不在调上。

即兴表演让我懂得，感觉不适并没什么。我们把舒适看得太重了，其实它并不能如我们所愿，让我们多快乐。如果太过舒适，反而会失掉对未知的期待。我们应该像孩子期待圣诞老人一样期待生活，好奇未来带给我们什么礼物。

第三章

消失的大象

好奇之才

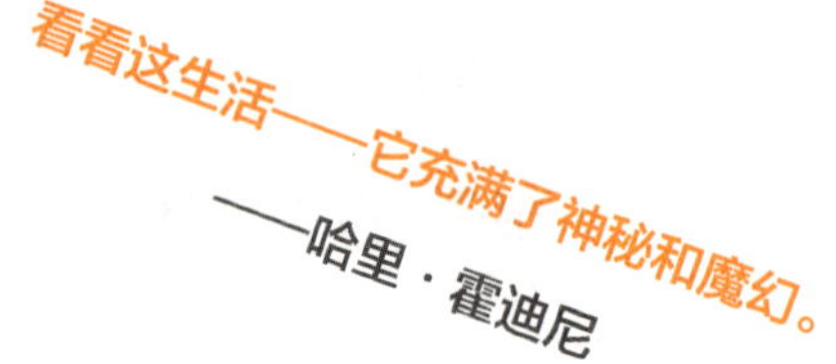

1905 年，纽约竞技场剧院（Hippodrome Theatre）建成之时，建造者宣称它是世界上最宏伟的剧院。房顶上的尖塔和美国国旗让竞技场看起来俨然一座宏大的城堡。剧院里面，观众席分布于三层阶梯之上，超过 5 600 个观众座位以半圆形围绕着舞台。当时的流行杂志将剧院誉为“第六大道上的大型剧场，气势宏大、极尽奢华”。

1918 年 1 月 7 日，著名的幻术大师哈里·霍迪尼（Harry Houdini）穿着一身黑衣穿过舞台，剧场内座无虚席，观众的眼神全部聚集在他的身上。二十多年来，这位出生于匈牙利的脱身术大师行走于世界各地，他逃脱手铐、绳索、约束衣以及锁链，这些蔑视死亡的惊险表演让观众震惊不已。他尤其以从紧锁的容器中逃出而著名，比如牢房、牛奶桶、密闭的棺材。他最为著名的一个逃脱表演是脱离“中式水牢”。表演这个绝技时，霍迪尼整个人先被锁住脚踝，然后头朝下逐渐被浸入水缸中。如果两分钟内他无法逃脱，旁边的一位助手就会用斧头砸破玻璃缸——但这种事情从未发生过，因为霍迪尼每次都能成功逃脱。

霍迪尼的探索并不仅限于令人震撼的逃脱术。他还表演过吞针——仅用一口水送下 100 根针和 20 码[1] 长的线。向观众展示嘴里空无一物之后，他把手伸入嘴里，拉出一根和舞台长度差不多的线，每一根针都穿在上面。他的观众经常因看得目瞪口呆而忘记了鼓掌。

那年冬天的竞技场剧院内，观众正等他表演世界上最难以置信的幻术。霍迪尼站在舞台中央，旁边是一个约 8 平方英尺的带轮子的巨大木箱。“女士们，先生们，”他喊道，“请允许我介绍世界上唯一一头消失的大象，珍妮！”高度为 8 英尺，体重约 6 000 磅[2] 的成年亚洲象珍妮走上舞台，它扬起鼻子向观众打招呼，脖子上系着淡蓝色的丝带。霍迪尼说：“她已盛装打扮，就像一位新娘。”

12 名助手绕圈转动木箱，敞开木箱所有的门，向观众展示木箱内没有任何逃脱的余地。然后门被关闭，驯象师赶着大象缓缓绕箱一周，然后将它带到箱子里。霍迪尼将门紧锁，举手投足间透露着自信。

霍迪尼是个天生的魔术师。孩提时，他就知道如何打开橱柜上

[1] 1 码 ≈ 0.9144 米。——编者注

[2] 1 磅 ≈ 0.4536 千克。——编者注

的锁——那个橱柜是他母亲藏馅饼和甜点的地方。长大后，他通过帮人擦鞋、卖报纸贴补家用，工作之余，他被竞技运动和特技表演者驾轻就熟的技艺所吸引。9 岁时，他举办了自己的第一场表演，还自称为“空气王子”——他穿着他母亲为他做的红袜子，在悬挂在树上的吊架上摇荡。他 17 岁开始职业生涯，在民间团体、串场节目、音乐厅都表演过，在纽约科尼岛的游乐场他每天要表演 20 场。霍迪尼对锁链和手铐着迷，立志要成为这方面的专家。每当他到达一个陌生地方，他都会提出一笔交易：如果有人能够制造出一副他无法逃脱的手铐，他就会给这个人 100 美元。不过至今他从未出过这笔钱。

视线回到竞技场剧院，随着舞台上一声枪响，喧闹振奋的鼓点响彻剧场大厅。紧接着，舞台助手猛地打开木箱两侧的门。哇哦！那个庞然大物已经消失了。“大家可以清清楚楚地看到，大象完全不见了！”霍迪尼向兴奋鼓掌的观众宣布。在霍迪尼离世很久后，这个表演对于其他魔术师来说仍然是个未解之谜。

18 世纪的苏格兰经济学家和伦理学家亚当·斯密阐述了资本主义的基本原理，从而被公认为现代经济学之父。然而，亚当·斯密还对好奇的体验提出了鲜有人知的有趣观点，他写道：“当人们看到新颖独特的事情呈现在眼前的时候……而且大脑中没有与这件事近乎相同的记忆存储时，就会出现新奇的体验。”按照亚当·斯密的说法，好奇和特定的身体感觉相关：“人们好奇时，有时目不转睛，有时眼球转动，有时屏住呼吸，有时心潮澎湃。”

古时候，当人们看到太阳在日食过程中被完全挡住的时候，会感到好奇和敬畏。即便现代，人们已经知道了日食的原因、预计发生时间以及确切的持续时间，这一现象仍然让我们着迷。2017 年 8 月 17 日，在北美上空出现了日全食，成千上万的人到“全食带”之内的地方观看和体验月亮完全遮挡住太阳，从而让白天出现短暂黑暗的过程。看到这一现象，一些人流下泪来，还有许多人惊讶得说不出话来。自然世界就是这么奇妙：孩子的降生，在游猎中看到狮子和大象，甚至是观察一条尺蠖在指尖爬行的过程都会让人感觉奇妙。

婴幼儿接触到的所有事情对他们来说都是新鲜的，所以他们是好奇感最强烈的生物——这让我们想起了我和我四岁半的儿子亚历山大（Alexander）在一起的情形。最近，亚历山大最喜欢说的一个词就是“为什么？”，比如“为什么天空是蓝色的？”“为什么你买东西的时候会拿发票？”“为什么我们不能一直玩？”“为什么我们大多数时候都要穿衣服？”每次当我信心满满地以为自己给出了一个满意的答案时，他总会接着抛给我另一串问题。和多数其他孩子一样，他不会假装自己明白一切，也不会因为不懂得某事而感到尴尬。他不急不缓地琢磨每个问题，而且不会放弃那些稀奇古怪的想法。

这种强烈的好奇心也是霍迪尼性格的核心部分，而且他的一生都是如此。在霍迪尼 7 岁的时候，一个游街马戏团经过他的家乡威斯康星州阿普尔顿。最吸引他的并非其中的小丑和杂技演员，而是一个穿紧身衣的男子。这个人爬到 6 米高的空中，登上了一个小平台，然后踩在紧拴在两根柱子之间的一根钢丝上走来走去，引来人群阵阵欢呼。霍迪尼当时好奇地想：这个人为什么要冒着生命危险这么做？他练了多长时间才能这么走？当男子仅凭牙齿将自己的身体悬在高空的钢丝上时，霍迪尼好奇地想：这个人是怎么做到的？这个杂技他以前演过多少回？他要是失败了怎么办？他的牙疼吗？

所有这些问题都需要答案。那天下午，霍迪尼冲回家中，找了一些绳子挂在两棵树之间。事实上，在绳子上平衡身体并不容易：他第一次尝试的时候直接摔到了地上。但坚持练习后，他学会了走紧绳。不过，在尝试用牙齿将自己悬在绳索上的过程中他失败了，因为他并不知道马戏团的表演者都用了护具。“我掉了两颗门牙。”霍迪尼回忆说。好奇也是有代价的。

20 世纪早期，福特汽车公司（Ford Motor Company）的创始人亨利·福特（Henry Ford）决定打造一款大众车型以降低生产成本。1908 年 10 月 1 日，第一款 T 型车下线，福特的想法得以实现。这款车型可提供 20 马力，拥有 4 汽缸一体的引擎，每小时可行驶 40 英里，可依靠汽油或燃料提供动力。公司的工程师为此开发了一套可互换部件的系统，不仅节省了时间、减少了浪费，还让工人在组装汽车时更为容易，这样不论工人的技术是否娴熟，都能有所受益。这一方法远远优于其他汽车公司。福特对 T 型车效率和成本上的专一带来了巨大的成功。到了 1921 年，美国本土 56% 的乘用车都是由福特汽车公司生产。

然而，到了 20 世纪 20 年代，随着美国经济的飞速发展，消费者开始渴望更多样化的汽车类型。通用汽车（General Motors, GM）等公司看到了这一机会。1924 年，时任通用汽车总裁的阿尔弗雷德·斯隆（Alfred Sloan）想出了一个全新的市场策略：他将美国市场按照价格范围以及用车目的划分为不同的类别。根据消费者的需求和购买力，不同类别的车型将有不同的特色和外观。而此时的福特公司，仍然专注于改进 T 型车。当 T 型车黔驴技穷、丧失动力时，其他公司已遥遥领先。到 20 世纪 20 年代后期，福特公司已经丧失了其领先地位，通用汽车取而代之成为最大的市场占有者。之后的几年中，福特公司的市场份额又持续败给了通用，并被指责不懂得顾客的购车心理。“曾经的掌控者，没能掌控变化。”斯隆不无戏谑地说，福特公司后来又新推出了像野马、翼虎和平托等车型，但在汽车的外观和风格上仍处于跟风者。福特公司虽然曾风光一时，但最终在正面竞争中败给了通用公司，直到今天，它也没能重振辉煌。

让我们再来看看哈里·霍迪尼。如果你想要高效运营一家公司，像霍迪尼这样的人可能不是你招聘员工时的首选。但如果再仔细想，你会发现霍迪尼与福特不同，他更像福特的竞争对手，霍迪尼让好奇心引导自己的思维。在这个过程中，他可能会损失几颗牙，但他的技艺在不断提升。

虽然我在这里批评亨利·福特的做法，但我承认自己也经常拥有相同的行为倾向。以我家某个普通的清晨为例，早晨 6:30，太阳刚升起，可我 15 个月大的女儿奥利维娅（Olivia）比太阳起得还早。我睡眼惺忪，穿着睡衣，正在冲咖啡。与此同时，精神饱满的奥利维娅打开厨房的橱柜，找到了滤锅。她先是把它戴到头顶当帽子，然后又拿它当面具。在我反应过来之前，她已经跑到了厨房的另一头，打开另一个橱柜，把装有香料的瓶瓶罐罐都挪到了新的地方。接下来，她拿出一个装有大米的长方形塑料桶研究起来。她坐在地上，开始摇晃这个塑料桶，似乎在问："我怎么才能把这些白色的小东西弄出来？"之后，儿子亚历山大也起来了，准备加入探索。当他们找到打开抽屉的按钮时，两个孩子都开始咯咯地笑了起来。

我克制自己没有把奥利维娅抱起来，结束这场开关橱柜的游戏和有趣的探索。孩子们吸收信息的方式像是海绵，而且速度非常快。但随着他们逐渐成长，他们开始在意其他人——尤其是成年人对他们的看法，因而开始压抑自己的好奇心。研究发现，人的好奇心一般在四五岁时最为强烈。随着年岁的增长，人的自我意识逐渐增强，向他人炫耀特长的欲望也愈加强烈。不过叛逆者懂得如何保持这种孩子般的好奇心，他们从不停止询问"为什么"。

最近的一天早上，格雷格为亚历山大倒了一些麦片和牛奶当早餐。亚历山大若有所思地坐在厨房案台的凳子上，问："爸爸，还记得复活节的时候我们买的食用色素吗？用来涂鸡蛋的那些，我们还留着呢吗？"格雷格走到装烘焙材料的橱柜，摸索出食用色素，放到了亚历山大的碗边。"这里呢，"他说，"你准备用它做什么？"亚历山大告诉我们，他要把这些色素用在他的早餐里。格雷格满脸疑惑地看着他说："亚历山大，我们不能在牛奶里放色素。"

"为什么不能呢，爸爸？"

格雷格转过脸看看我，说："我们就是不能那么做，对吗？"此时，亚历山大已经拿掉了小红瓶上的盖子，很快他的麦片就徜徉在了粉色的牛奶里。格雷格皱着眉头、抿着咖啡，不说话，看上去他正经历着我在看到奥利维娅探索厨房时同样的冲动？他在克制自己不去盖上食用色素的瓶盖，再给儿子重新倒一碗燕麦。同时，他也在询问自己："为什么，牛奶就不能是粉色？或许，早餐还可以是别的颜色？"

2000 年，BBC（英国广播公司）面临着多方面的挑战。该公司成立于 1922 年，起初是一家私人公司，为有电台的单位放送节目。BBC 的第一任总经理约翰·里思（John Reith）为 BBC 提出了一个清晰的愿景：教育、传播、娱乐。在之后的几年中，BBC 逐渐发展并建立了电视广播业务。此外 BBC 还增加了新闻业务，后来也开始提供数字服务，比如全天 24 小时的 BBC 新闻服务和 BBC 在线。该公司成了最著名的全球品牌之一。

然而，在 20 世纪 80 年代末期到 20 世纪 90 年代，市场开始变化，传媒行业经历了一场灾难性的巨变。这一时期出现的新型数字广播技术——有线电视——为消费者带来了更多样的选择。有线电视频道数目是此前模拟技术时代频道数目的两倍，其服务质量更好且有互联网接入。商业频道面临着失去听众和广告收入的风险，但对于如何应对这一情况，BBC 的想法和策略还不明朗。公司缺乏活力，节目内容的质量也大受影响，BBC 内部步履维艰。当时 BBC 有 168 个不同的业务部门，这个曾经井井有条的公司陷入了一片混乱。一些员工想出三个词描述 BBC 当时的情况：沮丧、低迷和恐慌。

2000 年，BBC 聘请了一个名叫格雷格·戴克（Greg Dyke）的人为总经理。戴克在其生涯伊始是一名记者，后来进入广播业，1987 年成为伦敦周末电视的节目总监，后来担任该公司的董事长。1995 年，他加入皮尔逊电视公司担任 CEO。戴克在电视业拥有惊人的履历，而且是一位有魅力的领导，拥有良好的声誉。他在职业生涯早期曾在伦敦周末电视一档名为 *TV-am* 的早间电视系列节目做总监，他通过每天早上在固定时段推广一只名叫“罗兰鼠”（Roland Rat）的玩偶并向青少年观众介绍卡通片而拯救了这个频道。戴克曾预言，如果孩子们喜欢罗兰鼠并观看节目，那么他们的妈妈也会继续观看这个频道。后来节目收视率果然上升了——该频道的观众人数在他上任后一个月从原来的 20 万人上升到了 40 万人，这个数字在他上任一年后上升到 150 万人。

BBC 向戴克提出了不同的挑战。这家公司比他的前东家大得多，而且与政界和商界有着深刻的联系。尽管 BBC 的运营独立于英国政府，但二者之间关系密切：政府签署 BBC 的长期特许状，同时任命了 BBC 信托的主席。戴克想出了一个有趣的过渡计划。他和他的前任约翰·伯特（John Birt）有 5 个月的共事期，他利用这段时间了解 BBC。伯特的工作风格是在伦敦的办公室领导 BBC。与之相反，戴克则四处出差，到访威尔士、北爱尔兰、苏格兰，既视察 BBC 的重大项目，也到访最偏远的地方。他到访过所有重要的分支机构，以及过去从未被其他总经理访问过的办公室。每到一处，他都会和全体员工会面。出乎员工预料的是，他并不会就自己的变革计划做出长篇大论。相反，他只问员工们一个简单的问题："为了让你们更满意，我需要做一件什么事？"然后，他会坐下来，倾听员工的回答。之后，他会再问一个跟进的问题："为了让我们的观众和听众更满意，我需要做一件什么事情？"

戴克就任 BBC 要职后的第一步行动受人瞩目。人们往往担心提问会让自己显得愚蠢，当需要帮助的问题存在已久，这种担心尤为强烈。领导者不就是应该给出答案吗？管理方面的书籍都是指导领导人在上任后立即传达自己的愿景，从而呈现一个影响深远的第一印象，比如，明确谁是掌权者以及必要时的委派制度。人们期待 CEO 在加入公司后开始施行计划，而不是花时间询问别人需要怎样的帮助。许多与戴克职位相当的领导人都负责为身陷困境的公司解决问题，他们会讲一堆道理，而不是提出问题。当然，大多数人都会有同样的冲动。

在视察时，戴克不会在高管专用餐厅吃饭，而是经常和员工们一起端着盘子在自助餐厅用餐，同时会继续向他们提问。戴克知道员工对伯特一厢情愿实施的许多由上而下的改变感到沮丧。他们缺乏动力，又无计可施。很多人认为 BBC 已经失去了创造力的火花，他们还抱怨公司的设备亟需更新。

当戴克第一天正式上任并发表讲话时，员工都期待倾听他的计划并愿意和他并肩作战。戴克解释道，他希望将 BBC 的目标由前任提出的"公共部门管理领域的最佳组织"转变为"最具创新力和不畏冒险的公司"。作为改变的信号，戴克向员工发放黄卡——看上去像是足球裁判在警告某个球员时出示的黄牌。他鼓励员工利用这些卡片“抛弃牢骚，做出改变”。任何人在看到或者听到有人阻挡一个好点子时，都应该主动向对方亮出黄牌，阐明立场。

戴克这种非常规的做法取得了成功。他到BBC一年后，BBC一台和BBC二台的收视率都有所提升，观众满意度由之前的60%上升到了68%。2002年7月，BBC一台的收视率多年来首次超过其主要竞争对手ITV。BBC广播的听众人数也达到了历史新高。BBC同时大幅降低了日常支出，从而在新广播节目中增加投入了2.7亿英镑。此外，员工期待的设备更新问题也落实到位。

对于提问题的影响，我们往往保留着错误的看法，当我们位高权重时更是如此。我们害怕别人因为我们并非世事洞明而给出负面评价，而现实情况则恰恰相反。当我们通过提问与他人互动时，我们与对方的关系变得更加稳固，因为我们真切地展现了对他们的兴趣，我们想要认识他们，倾听他们想法，从个人层面更加了解他们。结果是，我们获得了对方的信任而且双方的关系也变得更加有趣和亲密。如果你担心提问会让自己显得无能，那你就错了：人们认为提问的人比那些不提问的人更聪明。

为了研究提问题的价值，我和同事招募了170名学生。我们让这些学生坐在电脑前，告诉他们在这个研究中他们会和另一个人配对完成任务，而配对的对象是匿名的。参与者并不知道与他们配对的同伴其实是一个计算机模拟的角色。为了掩饰真相，我们告知参与者这个研究的目的是了解即时通信如何影响人们在做脑筋急转弯时的表现。参与者必须在限定的时间内回答问题，并且知道他们的搭档稍后也会完成这一挑战。我们告知参与者他们的表现会和奖励挂钩，在 5 个脑筋急转弯问题中，参与者每答对一个问题就会得到一次奖励。

为了确保参与者不会怀疑他们的搭档不是真人，我们允许他们在研究开始时向搭档发送一条即时消息。计算机模拟的角色没有给出直接的答复，而是简单地回复道："嘿！祝你好运！"当参与者完成脑筋急转弯的挑战后，他们会收到同伴发来的另一条短信。根据参与者随机分配的条件，他们会收到两种版本的信息：一种是"希望进展顺利"，另一种是"希望进展顺利，你有什么建议吗？"。参与者可以在收到这条短信后给予回复，即便他们知道不会收到对方的回音。接下来，我们要求参与者预估搭档的能力并且回答他们是否会在将来就同样的任务向同伴寻求建议。

那些被搭档询问建议的参与者就对方的能力给出了更高的评分。他们还表示很有可能向他们的搭档寻求建议。因此，与我们的预期相反，寻求建议并不会降低我们在别人眼里的形象，而是会让人们觉得我们更有能力。我们低估了被人询问意见时的得意心情。向他人提问，他人就有机会分享个人的经验和智慧，从而迎合其自尊心。表达好奇心就是叛逆的一种方式。叛逆者战胜自己内心的恐惧，愿意踏出个人舒适区，向他人寻求帮助。这或许有些可怕，但却能带来诸多好处。

当我们和陌生人第一次互动时，好奇心不仅会带来更加积极的情感，还会让双方更加亲密。我和同事进行了一项研究，要求大学生和一位同龄人进行对话，他们采用的对话形式有两种：一种是提很多问题，另一种则是只问几个问题。我们发现，收到更多提问的学生更喜欢他们的伙伴，原因是这让他们有机会谈论并透露出关于自己的信息。我们的研究发现，那些提问更多的人更受欢迎，在速配约会中提更多问题的人更容易获得第二次见面的机会。在另一项研究中，互不相识的大学生被安排和一位专门培养亲密感的同龄人对话，询问类似于“你的生活中最让你感动的事情是什么？”这类问题，或者只是进行一场随意的闲谈。相比那些进行闲谈的人，那些进行亲密对话的人感觉与对方的相处更为亲密和快乐。不过，我们通常不愿意询问这种探究性的问题，认为那样会过于八卦，还是管好自己为妙。

研究还发现，好奇心与一段关系中双方的满意度和社会支持感相关。经过一天的工作回到家中后，如果你好奇地询问伴侣，他/她的这一天是如何度过的，你会觉得你们之间的关系更加亲密。在一段新关系中，如果同伴的提问可以引导你分享更多个人故事，你会更享受与对方的约会，而且更愿意再次见面。当你提出问题，展现出好奇，另一方会礼尚往来地分享更多，询问关于你的问题。这样就会形成一种付出与给予的螺旋曲线，从而增加双方的亲密感。

当我们敞开心扉，表达好奇心时，我们就倾向于用积极的方式来重新定义问题。好奇心让我们把工作中棘手的问题看作是有趣的挑战。和老板进行的一次压力巨大的会谈成了一次学习的机会。劳心费神的初次约会成了与新人共同外出的兴奋之夜，滤锅变成了一顶帽子。通常，在好奇心的驱使下，我们会将充满压力的情况看作挑战而非威胁，我们会更加开放地谈论困难，以及尝试用新的方法解决问题。事实上，好奇心让我们在面对压力时，不再满心防备，从而在面对挑衅时，不再那么激进。在一项每天进行的为期 4 周的日记研究中，那些能够容忍不确定性的人表示他们较少和朋友发生冲突，很少做出被动攻击性的反应，而且更愿意原谅越轨的行为。简而言之，好奇心激发的探索性行为和学习过程让人们与他人和世界的联系更加紧密。

我们表达好奇的方式在儿童时期就播下了种子，而且受到了成长过程中所学课程的影响。在一项研究中，研究者向八九岁的儿童演示一个名为“跳动的葡萄干”的科学项目，操作时儿童要把葡萄干放到醋和小苏打的混合液体中，然后观察它们在玻璃杯中跳动的情形。活动结束后，实验者对不同的孩子做出了不同的回应。她对一半的儿童说：“我很好奇如果把这个（从桌上拿起一颗彩虹糖）放到液体里会发生什么？”，对另一半儿童她只是简单地说：“我要稍微整理一下，把这些材料放到这里。”她一边说一边清理工作区域。

在这两种情境下，实验者在离开房间时嘱咐道：“在等我的时候，你们可以自由活动。可以再试试刚才的试验，也可以用蜡笔画画，或者坐着不动。”看到实验者为满足个人好奇心稍微变化了任务的第一组儿童，倾向于尝试不同的材料，向液体里扔葡萄干、彩虹糖及其他东西。另一组看到实验者整理工作台的儿童更倾向于什么都不做。老师的行为对于孩子探索的秉性有着重大影响。同样，管理者的行动也会影响公司员工的好奇心和创造力。在财捷集团（Intuit），如果好奇心带来了极具创意的创新，那么提出创意的员工就会收到斯科特 · 库克创新奖。不过，公司还设有“最伟大的失败奖”，鼓励那些没有带来良好结果，但提供了重要学习机会的好奇想法。颁这个奖的时候公司还会举办“失败派对”。

同一批研究者将“跳动的葡萄干”这项研究稍加改动，用来测量老师对儿童好奇心和探索心的反应。老师皆为自愿参加研究，他们被要求和一个学生进行同样的实验，而研究者事先指导过学生要如何表现（老师们对此并不知情）。一半的老师被告知课程的重点是了解科学，而另一半的老师被告知课堂的重点是完成作业单。研究开始时，老师们像之前所述的过程一样向学生演示“跳动的葡萄干”。这次，研究者要求学生们偏离老师的指导，把一颗彩虹糖放到杯子里。如果老师询问儿童们在做什么，他们会按照指示说：“我们只是想看看会发生什么。”

研究结果出人意料。看到学生偏离实验的行为后，那些把了解科学视为课程目标的老师们兴致盎然，他们鼓励学生说，“你们在尝试做什么？”，或者“或许我们应该看看这么做的结果是什么。”而那些被提示关注完成作业表的老师则会说，“哦，等一下，指示表上没要求那么做。”或者“哦不，不能把它放到里面。”同样，我们对同事或者下属所做的探索性或者试验性活动的反应可能会直接影响到他们探索未知的体验。相比那些以效率为重的公司，举办失败派对的公司会更具创造性。

不论是福特汽车公司生产 T 型车的案例，还是我们作为父母想要阻止孩子一片狼藉地探索世界的冲动，都让我有些担心，学校或许过于重视如何让学生具备完美的技能或者应付考试，以致损害了他们的好奇心。在我为亚历山大选择学前班的过程中，我看到一个班的老师在教孩子们如何画出完美的三角形、正方形和圆形，然后如何涂色。她似乎特别在意图形画得是否“规整”，当孩子们涂色的时候，他不断提醒他们“不要涂到线外面！”这种对教学生避免犯错，在标准化的考试中取得好成绩或者遵守纪律的专注可能会让老师们忘记教育的实质是什么。至少我认为，教育之美在于激发并培养学生天生的好奇心，让他们不断对世界提出疑问。同时，我也担心一些公司在这方面也别无二致——员工按部就班地工作，失去了那种尝试不同工作方式的好奇心。

马西米利亚诺·马克斯·扎纳尔迪（Massimiliano Zanardi）是一位善于挖掘员工好奇心的管理者，他也知道如何运用自己的好奇心帮助公司运营。他喜欢在做介绍时，把自己说成“50% 的意大利人和 50% 的土耳其人”。他出生于意大利，但在土耳其生活多年。扎纳尔迪和大多数意大利人一样，讲话时绘声绘色，使用大量手势。他在伊斯坦布尔的丽思卡尔顿酒店担任过多年的总经理，为酒店做出了重要贡献，而且致力于提升客户的体验。2015 年，酒店被著名的“商业目的地旅游奖”评选为土耳其最佳奢华酒店,《商业目的地》杂志称赞该酒店在创新、无与伦比的设施以及员工工作热情方面出类拔萃。进入酒店大厅，你会陶醉于酒店定制香水的香氛，酒店的公共区域飘荡着精心挑选的当代音乐，这些都让你会心微笑甚至想要随之舞动。

酒店的员工将他们的工作热情归功于扎纳尔迪对提问的鼓励。作为总经理，扎纳尔迪经常挑战他的员工，询问“为什么？”“如果……怎样？”或者让他们重新定义奢华。例如，每年员工都习惯于在酒店餐厅外面的露台上种花。一天，又到了播种时节，当大家在讨论种什么的时候，扎纳尔迪问员工：“我们为什么总是种花？种菜怎么样？种香草呢？”这次对话最终成就了一座满是香草和传家宝番茄的花园，花园的果实为酒店的人气餐厅“真美味工作室”所用。这一切都源于几个简单的提问。

1908 年 10 月 29 日，在意大利阿尔卑斯山脚下一座风景如画的小镇上，卡米洛·奥利维蒂（Camillo Olivetti）建立了意大利第一家家族企业的打字机工厂。奥利维蒂是一位天赋异禀、不拘一格的工程师，在一次访美经历后，他受到启发并将打字机引进意大利，后来他开始生产打印机。起初奥利维蒂有 20 名雇员，他们每周组装大约 20 台机器。在奥利维蒂的带领下，这家以他名字命名的公司发展迅速。到 20 世纪 20 年代的时候，公司拥有 250 名员工，每年生产 2 000 多台机器。

卡米洛的儿子阿德里亚诺（Adriano）在 1924 年大学毕业后加入了家族企业。他先是从工厂车间的生产工人做起。阿德里亚诺注意到，员工们日复一日进行的许多任务都很单调，而且工作环境恶劣——工厂内没有充足的光线，员工也没有足够的时间休息。他认为，工人们分头处理生产过程中的不同环节，相互之间过于孤立，而且工作时间太长。让阿德里亚诺感到震惊的是，当工人们以福特制的工作方式完成程序化的简单任务时，他们停止了思考。阿德里亚诺认为工作不应该是被动或者消极的活动。相反，工作应该带给人快乐，并且拥有一个崇高的目标，让人过上更好的生活。阿德里亚诺认为公司对员工有道德义务，毕竟，公司是凭借员工的体力和智力贡献才得以成长。他认为公司应该不仅仅为员工提供经济回报，还应该推动文化和社会倡议，帮助员工及其家人与公司共同致富。

管理学学者詹姆斯·马奇（James March）在 1991 年首次提出了效率和创新之间的权衡，强调了公司中“利用”和“探索”的反差。探索是寻找并确定做一件事情的新思想和新方法，它能激发冒险、尝试、灵活性、游戏、发现以及创新；相比之下，利用是通过效率、选择、执行和实施来改进或完善现有的产品和流程。马奇认为，这两种活动需要完全不同的能力、过程和文化。以探索为内涵的公司往往拥有灵活的架构，通常与随机、自治、混乱、新兴企业和技术相关；而那些以利用为目的的公司通常和例行公事、控制、官僚主义、稳定市场和技术相联系。马奇指出：利用通常容不下探索。

相比福特一门心思关注于高效率的流程，阿德里亚诺能够恰当地在探索和利用之间找到平衡。他在 1931 年成为公司的总经理，继而在 1938 年成为董事长。在阿德里亚诺的领导下，公司采用了更为高效的生产系统，跟随了福特公司的足迹。但和福特公司不同的是，该公司还在劳动力方面进行了投入——而且它的投入方式相当另类，在当时看来更是如此。公司的新工厂建在意大利西北部的小镇伊夫雷亚，几乎完全是用玻璃建成的，因而员工可以看到外面的山谷，而外面的人也可以看到里面发生的事情。阿德里亚诺为人儒雅，虽久经世故但心系团队，他还是一位沉迷于艺术、设计和建筑的设计师，并能将个人的兴趣带入到自己在公司的角色中。在阿德里亚诺的领导下，奥利维蒂公司的设计渐渐融入产品开发的过程中。1937 年，该公司成为当时最早设立平面设计部门的公司之一。奥利维蒂的设计师从一开始就是与工程师并肩合作的伙伴，而不是在工程师开发出产品之后再设计产品外形。

20 世纪 40 年代，奥利维蒂公司推出了一些创新型产品，例如，在 1948 年推出的 Divisumma 电子计算器。这是一个可做除法的十键打印机，后来非常流行。1969 年，Valentine 打字机将一件功利主义的机器转变为当时人手必备的东西。通过使用现代材料、新型生产工艺及巧妙的设计，这款便携式 Valentine 打字机创造了一个新的大众市场产品分类。公司同时开始多元化发展——特别是公司生产了第一台机械计算器，还设立了一个创新力极强的电子部门。奥利维蒂公司的产品因其功能强大和设计独特而出名，这都归功于设计师对工艺的投入。例如，Valentine 打字机拥有的流畅线条和生动色彩——红色、白色、绿色和蓝色——让它显得生动有趣，并为一直都过于严肃的办公室增添了个性。同时，奥利维蒂公司也在国际市场上逐渐壮大，在拉美和欧洲开设了子公司。该公司从早期一个不到 900 人的工厂发展为一家拥有 8 万人的跨国公司，在意大利有 10 家公司，在其他国家有 11 家公司。到 20 世纪 70 年代，奥利维蒂公司已经成为“工业设计领域公认的领导者”。这也是 10 年后史蒂夫·乔布斯（Steve Jobs）在谈论他对苹果公司的期望时的说法。

阿德里亚诺起初被福特公司的生产效率震惊，但他认为密集的工作安排会给员工带来巨大的压力而且可能最终导致员工疏远工作。他支付给员工的薪水高于当时其他的公司，不仅如此，它还确保员工能够不断接触、了解和关注不同学科的知识和文化。在阿德里亚诺的管理下，新工厂为员工子女配置了游乐场，建立了拥有几十万册图书和杂志的图书馆，还有电影放映室和辩论室。（如今像谷歌和脸书之类的科技公司也为员工提供了类似的设施，但在那个时候这种情况实为罕见。）阿德里亚诺还聘用了作家、诗人以及其他知识分子。例如，在 20 世纪 50 年代期间，小说家和心理学家奥蒂罗·奥蒂里（Ottiero Ottieri）曾指导公司的招聘，诗人乔瓦尼·乔迪奇（Giovanni Giudici）曾管理公司的图书馆——阿德里亚诺将这个图书馆称为“文化工厂”。工人们有两个小时的午餐时间：其中一个小时用来吃饭，另一个小时用来“吃”文化餐——阅读图书馆的书籍，参加音乐会或者聆听公司邀请的著名人士的演讲。机械工程师会学习关于音乐历史或者法国大革命的课程。圣诞节时，管理者会送给员工一本特别版的经典著作，或者印有著名艺术作品或者新艺术家插画的特制日历。此外，公司还资助了许多大师作品的修复，包括达·芬奇的《最后的晚餐》。

阿德里亚诺的管理方法并没有数据支持，而且其他高管则通常会认为他为员工组织的这些活动和倡议是在“浪费时间”。不过他就是按照直觉做事：通过为员工的福祉和求知欲投资，他的公司不断在市面上推出了许多成功的新产品。除了传统的打字机，奥利维蒂公司还开发了一些拓展新市场的产品，包括于 1964 年推出的世界上第一台个人电脑 Programma 101。

阿德里亚诺将创新作为公司生产战略的核心，为员工创建了极具创造性的环境。他坚信奥利维蒂产品的成功不仅与产品的工艺有关，更离不开他为员工所做的一切。他在生产过程中赋予了员工更大的主动权，为他们的福祉投资并鼓励他们探索未知。奥利维蒂是意大利历史最悠久也是最大的科技公司。20 世纪 90 年代中期，它是欧洲第二大计算机生产商。公司成功的主要原因是其卓越的设计和创新，以及其丰富多样的产品，包括第一个批量生产的个人电脑和打字机，以及传真机、收银机和喷墨打印机。

设计和咨询公司 IDEO 如今以类似的方式寻求“T 型”人才——这一术语最早源于管理咨询公司麦肯锡（McKinsey & Company）的内部招聘谈话。“T”中的一竖代表员工知识和技能的深度，用于为公司的创新性工艺做出贡献；“T”中的一横是指员工进行跨部门合作的意向，具体包括两方面：同理心和好奇心。同理心让人们在思考问题时从他人的角度出发并主动倾听。好奇心是人们对他人从事的活动和学科的兴趣，这种兴趣非常强烈以致推动了人们付诸实践。阿德里亚诺聘请声名斐然的设计师设计公司的打字机，这些人显然拥有娴熟的技艺，但他同时会确保公司的架构有助于培养他们的同理心和好奇心。他与 IDEO 的领导一样，认为员工的优异表现并非因为他们是专家，而是因为他们不仅拥有高超的能力，还具备不断探索的求知欲。

大量的研究结果证明好奇心和创新相关。法国英士国际商学院（INSEAD）的斯潘塞·哈里森（Spencer Harrison）及其同事以销售手工制品的电子商务网站为背景研究了这一关系。在两周的研究期内，手艺人回答了关于他们在工作中感到的好奇心水平的问题。之后，研究者通过计算每个手艺人在两周内上架的新商品评估他们的生产力。结果发现，好奇心和创造力密切相关，好奇心上升一个单位（例如在 7 分制中由 5 分上升到 6 分），生产力就会提升 34%。

不论是任何工作，好奇心都会为业绩加分。以工作高度结构化的呼叫中心为例，那里人员的流动率普遍较高。更糟糕的是，那里的通话通常被监听，而且员工的绩效评价以他们每次处理通话的速度为依据。哈里森和他的同事调研了 10 个不同的呼叫中心，要求新员工在开始呼叫中心的工作前完成一个测量好奇心的调查。工作 4 周后，这些员工对工作的不同方面进行了反馈，比如他们学得怎么样，以及他们是否向其他员工寻求信息。那些好学乐知的员工最常向同事寻求信息，而且他们能够创造性地利用这些信息更好地发挥自己的技能。研究者在跟进访谈中发现，其中一些员工很少把这项工作看作是“脑力劳动流水线”（一个员工的说法），而是把它看作一个谜题，他们必须尝试采用新方法以利用规定系统为客户服务——正是这些人的工作表现最为突出。

我所做的一项研究发现，好学乐知的人之所以在组织中表现优异有以下几方面原因：他们拥有更广的人脉，他们更乐于提问，他们容易和同事建立并保持良好的关系——这些关系对于个人的职业生涯发展和成功都至关重要。公司同样会受益，因为这些乐于学习的员工经常与那些能够帮助他们克服工作挑战的人联络，而且更愿意主动付出努力。

当阿德里亚诺担任奥利维蒂公司 CEO 的时候，有人发现一个工人带着一大包铁片和机械设备离开工厂。目击者控诉此人是贼，并建议公司将其开除。这位员工辩称他没有偷东西，而是把零件拿回家，以便在周末研究一个设计方案，因为上班时没有足够的时间。阿德里亚诺得知这个消息后，提出要和这位工人当面谈谈。在他们见面的时候，这位员工解释称，他计划制造一台新机器——一台计算器。阿德里亚诺对这个计划很感兴趣，直接让这个工人负责这台新机器的生产过程。不久之后，新的电子计算机器完成了——Divisumma，还是同类计算器在市面上的第一台。它可以自动进行全部四种基本的数学运算。20 世纪 50~60 年代，Divisumma 成为全球流行的产品，它为奥利维蒂公司带来了巨大的利润。阿德里亚诺将这位工人提拔为技术总监。相比将员工开除，阿德里亚诺为他提供了探索好奇心的机会，并最终带来了令人惊讶的结果。

101 公路在美国西海岸延绵 1500 英里，经过加利福尼亚、俄勒冈和华盛顿 3 个州。2004 年，一块匿名的广告牌出现旧金山南部硅谷中心的公路上。广告牌上写着一条奇怪的广告："{e 的连续数字中最先出现的 10 位质数 }.com"。在这个国家的东海岸，马萨诸塞州剑桥市的哈佛广场地铁站也出现了这条神秘的横幅广告。

该广告包含一道颇具挑战性的数学题。我上网查了一下（因为我已经忘了 e 是什么）发现，e 这个自然对数的底数是 2.718 28。实际上，这个数字无穷大，但你会在这个数字中找到最先出现的 10 位质数（答案是 742 746 639 1.com）。如果你足够好奇，在解决了这个问题之后进入网站，你会发现另一个更难的方程式在等你解答。如果你为了解决问题死磕到底，你会发现自己进入了谷歌网站，要求你上传个人简历。这里，为数不多的几位竞争者将到谷歌总部参加面试。

技术公司在招聘最具好奇精神的候选人时经常会用到数学和逻辑题。例如，让这种招聘方式得到普及的微软公司在第一轮面试中向应聘者提出了以下问题：一个老式钟表有两个指针。当时间为 12 点时，分针在时针的正上方，请问，每天有多少次分针恰好在时针正上方，并解释你如何确定这一具体数字？（你可以在本书的注释部分找到答案。）而其他公司则使用更为直接的方法来寻找那些与众不同的员工，如直接鼓励乐于探索的人们申请职务，或是询问候选人他们在工作之余的兴趣和爱好。

据 2004 年谷歌人的一篇官方博客帖文称，谷歌公司想通过广告牌招聘计划寻找“执拗到无法容忍有自己解决不了的数学问题，同时又能聪明地扭转局面”的人。如果工程师足够好奇，刨根问底，那他们就拥有公司所寻找的特质。求知欲能够推进新的思考方式，挑战长期公认的假设，并且加速变革。正如谷歌公司 CEO 埃里克·施密特（Eric Schmidt）所说，“让我们发展的是问题，而非答案”。

招募创新性人才固然重要，但找到人才却并非易事。不过目前为止，公司和领导所面临的最大挑战出现在招募到员工之后：我们如何让员工保持创造性？我们在孩提时自然流露的好奇心在成年后并不会被轻易地表现出来。当开启工作或生活中的新关系时，我们都会面临着创造力下降的风险，因为我们不再提问。在一项研究中，我以250位刚进入不同公司的员工为对象，询问他们在刚开始工作时的好奇水平。尽管他们在刚开始工作时的好奇水平有所差异，但6个月过后，他们的好奇水平平均下降了20%。为什么？在遇到问题时，我们很少提问。我们埋头完成任务，却从不质疑工作流程或者询问整体目标。另外，我们的领导通常遏制我们的好奇心，而非为之庆贺。他们虽然清楚好奇心的价值，但他们的实际做法通常与之背道而驰。

在另一项研究中，我们询问了超过3 000名来自多个行业的员工，请他们回答一些关于好奇心的问题。大多数人（92%）认为好奇的人为团队和公司带来新想法，并且把好奇心看作工作满意、创新和优异表现的催化剂。仅有少数人（大约为24%）称自己经常在工作中感到好奇。另外，大约70%的人称自己在工作中提出问题时总会遇到阻碍，比如快节奏执行工作的压力，不愿承担风险，害怕失败时的惩罚，以及不愿质疑现有的制度。

人们对外界的好奇程度天生有差异。但不论我们天生的好奇程度如何，好奇心可以在组织中得到培养。领导者可以通过让自己变得更加乐知好学而鼓励员工的好奇心。好奇心需要拥护者，这就需要从上层开始。不论是在头脑风暴会议还是定期的公司会议中，领导人都能以身作则，询问“为什么？”和“如果……怎样？”——就像扎纳尔迪在丽思卡尔顿以及格雷格·戴克在BBC的做法一样，并鼓励其他人效仿。随着乐知好学的氛围在公司中发展，就会出现好的答案。在公司会议之外，领导者还可能以其他方式强调好奇心的重要性。例如，脸书网的CEO马克·扎克伯格每年公开自己的个人学习目标，鼓励公司里的其他人也这么做。过去几年，扎克伯格给自己设立的目标包括学习中文，每两周读一本书，每天跟除脸书员工之外的不同的人见面，到访美国各州并与各州民众见面。

公司也可以鼓励员工探索个人兴趣来培养好奇心。当阿德里亚诺·奥利维蒂面对一个“窃贼”的时候，他发现了一个需要时间和资源来探索伟大想法的天才。其他成功的领导人和公司也做过同样的事情。自 1996 年起，全球多元化制造企业联合技术公司（UTC）每年为员工提供高达 12 000 美元的学费，让他们在业余时间攻读高级学位，而且没有附加条件。雇主通常不愿意培训员工，担心他们会跳槽到竞争对手那里，让公司的钱打水漂。但 UTC 的人力资源副总裁盖尔·杰克逊（Gail Jackson）对此持完全不同意见。“我们需要那些求知进取的人才，”她说，“相比让员工没有长进地留在公司，不如培训人才，即便他们最终选择离开。”

另一种培养员工好奇心的方式是领导承认自身知识的局限性，例如，简单地说“我不知道，咱们一起看看是怎么回事，”或者强调公司对面临的决策存在歧义。我们参观过的一家公司要求员工对公司的目标和计划提出“如果……怎样？”以及“我们怎样能……？”等问题。由于公司不仅鼓励提问，而且还支持并奖励提问，员工和管理者们可以从中选出一些好问题，将其展示在公司墙上。保持这种好奇心对组织的创意和创新至关重要。看看宝丽莱（Polaroid）相机背后的故事：这个即拍相机的灵感源于 20 世纪 40 年代中期，其发明者埃德温·H. 兰德（Edwin H. Land）3 岁的女儿提出的一个问题。当她的父亲拍照的时候，她迫不及待地想看照片。她知道需要先处理胶卷，但在她父亲向她解释这个过程的时候，她大声问道："为什么我们非得等待呢？"

父母在孩子遇到新事物时的回应方式，是我们要学习的一门管理课程。当遇到新事物时，孩子会首先表达惊讶，然后看向父母：如果父母做出伤心状或者表现出诱发消极情绪的表情，那么孩子对好奇的表达也会受挫。相反，如果父母表现出兴致勃勃，那么孩子也会如此。在工作中也是同样，只有我们所在的公司或组织能够提供研究者所谓的"心理安全"，即容忍其成员冒险，我们才能不断地提问和探索。如果员工在一家公司没有安全感，他就不愿意提问，甚至不愿意提出明显可以推动公司发展的好问题。哈佛商学院管理学学者埃米·埃德蒙森（Amy Edmondson）在调查不同医院的医疗团队时发现，最好的团队其实是那些让人感到心理安全的团队：团队成员愿意承认错误，而且愿意和同事进行公开讨论。在让人感到心理安全的团队中，你不会担心因提出另类的问题、观点或疑问而感到尴尬。

想一想儿童文学中最受欢迎的一个角色：好奇小猴乔治（Curious George）。这只精力充沛的小猴子和戴黄草帽的男人住在一起，它对自己周围的一切都要一探究竟。乔治每当陷入困境，戴黄草帽的男人总能帮它化险为夷。（例如，当乔治抓着一大把气球飘得太高时，他会乘坐直升机救它）乔治非常幸运，它在探索世界的过程中尽情享受每一次新体验和新发现，因为它从未因惹麻烦而受到惩罚。而现实生活中那些探索失败甚至搞得一塌糊涂的人往往会受到惩罚。他们很少会因为捍卫试验的价值而得到赞许，无论其结果是否成功。

领导可以通过许多方式向员工传达他们对好奇精神的重视。2014 年，当萨蒂亚·纳德拉（Satya Nadella）加入微软公司担任 CEO 时，他修改了公司绩效考核的标准，将员工从同事身上学习、分享想法以及运用新知识等方面纳入了考核的范畴。皮克斯动画工作室（Pixar Animation Studios）的联合创始人和现任公司总裁埃德·卡特穆尔（Ed Catmull）担心皮克斯的成功会让新员工们望而生畏，以致他们不敢挑战公司的惯例。为此，他在员工入职大会上分享了公司做过的一些错误决策的例子。他强调了一个简单却经常被忽略的事实，那就是人人都会犯错，皮克斯也不例外。他的坦诚赋予了新员工保持好奇心的权利。

培训也能促进良性的探究风气。最近，一家公司找到英士国际商学院的斯潘塞·哈里森，向他寻求激励员工好奇精神的建议。他和同事为这家公司打造了一个在线培训项目，这个项目包括了两个版本：公司的一半员工学习研究者所谓的“发展方法”，这一方法宣称成功源于遵守现有程序；另一半员工则接受了一个名为“后退方法”的培训，这一方法要求员工后退一步，质疑那些关于目标、角色和整个组织的习惯看法。例如，学习“后退方法”的员工听到过这样一个故事：一位科学家试图帮助一类患有肢体颤抖疾病的人们。由于肢体颤抖，这些人无法完成特定的活动，比如早餐喝粥。起初，这位科学家一门心思地想要研究出一种可以抑制颤抖的药物。但当他进一步考虑了抑制颤抖的目的时，他想出了一个机械的方法：在勺子上安装一个回转仪，从而让勺子缓冲肢体的颤抖。

几周后，公司管理者评定那些经过“后退”培训的员工比那些接受传统培训的员工更具创意和革新精神（管理者并不知道谁参加了哪项培训）。哈里森和他的同事还查看了员工之间的邮件往来，研究其在工作时的沟通类型。他们发现接受了“后退”培训的人和同事的关系有所改变：他们扩大了社交网络，发送了更多的邮件，因此也收集到了更多的信息，他们在工作中的表现更具创造性。当我们对那些被视为理所当然的工作内容和公司情况提出疑问时，我们更容易和同事建立关系，我们的思维也会更加有趣。

*你是否还在好奇霍迪尼是如何让大象消失的？*研究者通常利用“消失的大象”激发好奇心并研究好奇心对人们行为的影响。例如，波士顿学院的博士生莉迪娅·哈格特维特（Lydia Hagtvedt）和其同事将参与者分为两组，让他们分别阅读关于“消失的大象”魔术的不同新闻报道。其中一组所阅读的文章将“消失的大象”描述为一种行业标准，并解释了霍迪尼是如何完成魔术的。参与者需要想象他们坐在观众席中观看这个魔术的感受，并在已了解魔术揭秘之后，描述霍迪尼是如何完成魔术的。参与者通过电脑提交了他们的答案。短暂的延迟后，他们被告知已提交的答案是正确的。

另一组是试验的“好奇条件”组，该组参与者所阅读的报道中没有包含任何有关魔术揭秘的线索。在读完文章后，参与者需要想象他们坐在观众席中观看这个魔术的感受，并猜测霍迪尼是如何完成魔术的。该组同样通过电脑提交答案。不同的是，他们对魔术秘密的猜测只是看似与数据库中的正确答案进行了对比，实际上，这只不过是简单的时间延迟。几秒钟后，参与者被告知他们的答案接近但不完全正确。这样，第二组的参与者仍然保持着对魔术秘密的好奇，而对照组则满怀信心地认为自己知道了魔术的秘密。

接下来，所有的参与者需要完成另一项任务：想出魔术表演的点子。他们必须假设自己是霍迪尼并想出一个比大象魔术更精彩的表演。拥有 20 多年经验的魔术师会对参与者提交的创意想法进行评估。此外，独立的编码员会阅读参与者的答案并评定这些魔术想法与“消失的大象”魔术的差异程度。比如，有人的回答是“我会在大象进入的箱子上面盖上帘子，然后让箱子消失，只留下大象”，这类答案会得低分，因为这个想法包含“消失的大象”魔术的三个核心元素：消失、大象和箱子。相比之下，“我会表演一个浮空术”这种答案得分最高，因为它没有包括原魔术的任何元素。

专业的魔术师认为“好奇条件”组的参与者（69%）所想出的魔术点子比控制组的参与者（34%）的想法明显更具创意。前者的观点也更加开放，没有限于“消失的大象”的核心元素。好奇心帮助参与者想出在专家眼里更具创意且与现状相去甚远的点子。

纵观霍迪尼的一生，一旦他掌握了一种逃脱方式，比如解开紧锁的手铐，他会迅速开始挑战一项新的技能，比如他会在到访某个小镇的时候，让当地警察把他扣押，然后自己再想方设法逃脱。当他掌握了不同情况下的逃脱方式之后，就决定尝试在双手被铐、全身束缚的情况下跳进河里。霍迪尼不断寻找新的方式挑战自己。他坚持不懈，为完成各种各样的成就而刻苦训练。我们在面临未解难题或者困惑时，脑海中就会出现很多有创意的想法。每天我们都面临着关注已知事情还是关注未知事情的选择。当我们选择了后者，我们就更可能在好奇心的指引下像霍迪尼那样看待世界。

霍迪尼通过他的魔术让观众产生敬畏，格雷格·戴克则通过提问题而非给答案的方式为 BBC 掌舵，谷歌通过让潜在的应聘者好奇的方式找到难得的人才，阿德里亚诺·奥利维蒂则创建了一个近乎神奇的公司并利用五花八门的方法拓展了员工的兴趣。尽管这些人所处的时代和背景不同，但他们都坚忍顽强、不服输，能够将好奇精神灌输给与其互动的人，并且让自己保持好奇。他们刨根问底的秉性和求知欲感染着他人。

人们后来发现，消失类魔术实际上并非由霍迪尼发明。这个点子归功于查尔斯·莫里特（Charles Morritt），这位来自英格兰约克郡的催眠师和幻术师表演过一个名为“大变毛驴”的魔术，可谓是霍迪尼“消失大象”的前身。在“大变毛驴”的魔术中，莫里特把不配合的毛驴带到一个底部有轮子的木箱里，这样观众就可以看到木箱并没有活板门。当莫里特封闭木箱两侧时，观众仍然可以听到木箱内驴蹄踢踏的声音。观众不知道的是，木箱经过了特殊设计，当莫里特再次打开木箱时，毛驴“消失”了。观众非常喜爱这个表演，霍迪尼也因此开始关注莫里特。

尽管莫里特拥有发明天赋，但他在舞台能力和表演魅力上有所欠缺。他还缺钱，所以就把自己最拿得出手和最为保密的“大变毛驴”的魔术创意卖给了霍迪尼。把毛驴换成大象也是莫里特的主意，他认为这样可以让表演更加震撼。下面看看“消失的大象”背后的秘密：当大象进入箱子后，驯兽师将它藏在一面大镜子后，这面镜子沿对角线从离观众最近的箱角延伸到箱子后方箱门中心的位置。当门被重新打开之后，观众会看到一个空箱子的假象，而不知道自己看到的只是半只箱子和它镜子中的反像。

虽然这个魔术不是霍迪尼发明的，但他为这个魔术注入了精彩的表演技艺，而且不断推进这个魔术的舞台表现力。几十年间观众一直惊叹于这个魔术，直到 1929 年霍迪尼的道具师向《现代机械》（*Modern Mechanix*）杂志透露了其中的秘密，人们才恍然大悟。这背后的很大一部分原因是霍迪尼精湛的表演和对魔术包装的精益求精。对惊讶于表演的观众来说，霍迪尼的“消失大象”魔术给他们提出了一个没有明确答案的问题——如何激起人们的好奇心。

第四章

哈德逊河成跑道

视角之才

在驾驶飞机时，你会感到切切实实的自由，从地表滑翔而过，不再受重力的束缚……即便只是离地几千英尺，你的视野也会更加广阔。

——切斯利·萨伦伯格机长

2009年1月的一个下午，全美航空公司（US Airways）1549次航班从纽约的拉瓜迪亚机场起飞，驶向北卡罗来纳州的夏洛特（Charlotte）。纽约天气寒冷，气温低于21华氏度[1]。北风并不强劲，天空还算晴朗，散布着白云——当天早上雪刚停。飞机搭载着150名乘客和5名机组人员，仅有一个空座。对机组人员来说，这是4天航程的最后一程。机长切斯利·萨伦伯格（Chesley Sullenberger）经验丰富，人称"萨利"（Sully），和他在驾驶舱并肩合作的是副机长杰夫·斯基尔斯（Jeff Skiles），此前他们从未合作过。

起飞不到两分钟，萨利透过驾驶舱前窗看到身型巨大的飞鸟舒展着长长的翅膀径直向飞机飞来。飞机刚上升至3 000英尺，时速

[1] 1华氏度≈17.22摄氏度。——编者注

仅为230英里，但引擎费力地轰鸣着。“鸟群！”萨利大喊。

与此同时，飞机仿佛受到了冰雹和暴雨的猛袭一般，驾驶舱和机舱充斥着剧烈风暴似的声音。鸟群逐渐撞到飞机的挡风玻璃下面，接二连三砰砰砰地撞上机头、机翼和引擎。随后，引擎发出刺耳的机啸声，紧接着是剧烈的震动，仿佛发动机在反抗这场突如其来的惊扰。一股刺鼻的焦味进入机舱，紧接着发动机的噪声平息——一片可怕的沉寂。人们听到一阵“有节奏的轰隆声和咔嗒咔嗒声，像是木棍抵在转动车轮的辐条上发出的声音。这是引擎出现故障所发出的一种奇怪的涡轮声”。萨利回顾道。

这架空客A320-214有两个引擎，现在，两个引擎都坏了，因海拔不够，几乎没有时间行动。如果飞机只是失去一个引擎飞行员和副机长还能控制飞机。他们可以发出紧急报告，并在航空管制员的帮助下找到附近机场安全降落。现在，没有正常运转的引擎，飞机成了一个装载着燃料的巨大滑翔机。

“我来驾驶。”萨利说，然后开始控制飞机。“由你驾驶。”斯基尔斯回应。他拽出飞机的《快速参考手册》（*Quick Reference Handbook*），找到双引擎失效的检查单，开始行动。“求救！求救！求救！”萨利向航空管制中心发出信息。此时，航空管制员帕特里克·哈尔腾（Patrick Harten）正坐在位于纽约长岛的雷达控制中心，他并没有听到求救信号。在萨利请求救援的同时，哈尔腾正向萨利发送信息，为航班提供常规航向。当哈尔腾释放发送按钮之后，他听到了萨利的部分求救信息：“……撞到鸟群。我们的双引擎失去推力，正在返回拉瓜迪亚。”

哈尔腾在这个岗位从业10年，指挥过成千上万次航班，在帮助遇险飞机安全迫降方面从未失手。他经历过多次紧急情况，帮助过遭遇单个引擎失灵的喷气式飞机，帮助过遇到飞鸟撞击的大客机。管制员引导飞行员安全降落到跑道上是他们的职责。哈尔腾让萨利降落到拉瓜迪亚机场的13号跑道，这里离飞机目前的位置最近。他立刻联系了拉瓜迪亚的塔台，要求他们清理跑道。“仙人掌1529，如果我们可以为你安排，你能否尝试降落到13号跑道？”他问，情急之下他说错了航班号。

萨利看看窗外，显然没有什么更好的选择。15万磅重的飞机在低空滑翔，没有引擎，正在快速下降。透过挡风玻璃，他可以清晰地看到纽约参差不齐的建筑。附近的主要州际公路交通繁忙，也没有长条的平坦农田。返回几分钟之前离开的机场将是孤注一掷。鉴于拉瓜迪亚机场附近区域人口密集，选择折返必须有十足的把握，而且不能碰运气。萨利认为成功折返的可能性不大，即便他们成功折返，离跑道几英尺之差都会让飞机开膛破肚，葬身火海。

“好了，仙人掌1549，13号跑道有空位。”哈尔腾通知萨利。

“我做不到。”萨利回答。他已经决定：放弃降落在拉瓜迪亚跑道上。在飞机不断下降的同时，空中防撞系统的模拟人声发出警报：“交通！交通！”

哈尔腾提供了拉瓜迪亚的另一条跑道。

“我不确定我们能降落到跑道上，”萨利回复，“我们右边有什么？……新泽西的泰特波罗机场？”

哈尔腾通过雷达屏看到飞机正位于乔治·华盛顿大桥曼哈顿

一侧上空 900 英尺的位置。这座桥横跨哈德逊河，连接纽约和新泽西。泰特波罗不比拉瓜迪亚近，但萨利考虑了所有的可能性。哈尔腾与泰特波罗机场的航空管制员联系，迅速安排飞机降落到跑道上——这是最容易清障的一条跑道。但萨利可以看到机场附近的区域正在从挡风玻璃前向上移动——他意识到，泰特波罗也太远了。这就只剩哈德逊河了。

萨利在得克萨斯州丹尼森上高中时就开始驾驶飞机，他的飞机驾龄已经有 42 年了。后来，他进入美国空军学院，在越南战争时期驾驶 F4“鬼怪式”战斗机。在他多年的飞行经历中，他从未遇到过发动机失灵，也从没尝试过降落在水里。不过，从他的视角看来，哈德逊河足够长、足够宽，而且足够畅通，可以作为降落点。外面的温度低于 21 华氏度，风寒系数为 11，水温大概为 36 华氏度。救援船或直升机得至少几分钟后才能到达降落点救援。即使飞机安然无恙地降落水中，乘客也会面临低体温症的风险。但这个选择似乎是最佳选择，原因很简单——哈德逊河上没有建筑物。

萨利做出机舱广播：“紧急迫降！”

斯基尔斯多次尝试用点火器重新发动引擎，但都以失败告终：发动机已经受到撞击起火，右侧已经失去推力，左侧也几乎完全失灵。两个发动机都吞掉了十几只加拿大黑雁，不过还没有爆炸，也没有碎片进入机身。它们只是无法重启。斯基尔斯放弃尝试，专注于协助萨利。此时，他们正飞向哈德逊河。

由于没有推力，萨利对飞机垂直方向的唯一控制办法就是抬升和降低机头，即控制倾斜度。他的目标是调整倾角，允许飞机在合适的速度下滑翔，不能让飞机滑翔得太快或太慢，以便可以让飞机尽量轻缓地降落到水里。空速表还在工作，所以每当萨利认为飞机速度比需要的速度缓慢时，就会稍稍降低机头。而当他觉得飞机行驶得太快时，就会提升机头。

“……右转 280 度，”哈尔腾指示萨利，“你可以降落到泰特波罗机场的 1 号跑道。”

“我们做不到。”

“好吧，你们能降落到哪条跑道？”哈尔腾问，他知道萨利身在飞机中，能够更好地判断情况。

“我们要降落到哈德逊河里。”萨利回答。

“什么？”哈尔腾问，“……再说一遍？”

他继续向萨利提供迫降方案，尝试找到一个避免飞机落水的办法，但对方没有回答。“喂！”他问，“你还在吗？”

萨利正一心扑在手头的任务上。飞机距离撞击地表还有不到 22 秒的时间。从驾驶舱的角度看，水面正越来越快地涌向飞机。

“迫降！迫降！低头，屈身！”空乘人员喊道。乘客的视线内看不到窗户，但一些人可以感觉到飞机正驶向水里。机舱后端的一位乘客喊道：“紧急出口在这里，做好准备！”坐在飞机中部的一位男士提出帮助身旁的女士保护她的宝宝，这位女士把孩子交给了他。其他乘客则开始祈祷。

驾驶舱内，自动近地报警器不断发出警报：“太低！地面！警告！地面！”另一个警报系统不断重复着同样的自动语音：“地面，地面！拉起，拉起！”似乎希望有人能够改变当前的局面。萨利和斯基尔斯通过展开机翼上的阻力板降低飞机速度。离地 200 英尺，时速 180 英里，飞机仍然在滑行。

就在飞机即将碰到水面前几秒，萨利稍微降低机头，让飞机获得有利的角度，同时让时速降到 140 英里以下。当飞机撞到水面时左侧引擎已被撞掉，飞机后侧的腹部被巨大的冲力扯开。飞机贴着水面滑行直到停下。哈德逊河溅起深绿色的水花，坐在窗边的乘客曾一度认为他们已在水下。

飞机浮在河面上，随时可能沉没，时间紧迫。河水从飞机尾部涌进机舱，后面的逃生门已经不能用。飞机前端和机翼上方的舱门都还位于水面上方，并且已经打开，应急救生筏也已经充好气。乘客一个接一个地从机舱出来，爬到机翼和逃生滑梯上。萨利和斯基尔斯协助空乘人员帮助乘客并分发救生衣。飞机的后部、底部已经弯曲，飞机的机翼已经戳入水中，漫进机舱的河水差不多到了等待疏散的乘客和机组人员的胸口位置。当乘客们从机舱出来时，一些人已经分不清方向了，他们惊讶地发现自己竟然降落在了哈德逊河上。

仅仅三分半的时间内，所有人已经从机舱内撤出。萨利和斯基尔斯，在一些年轻男乘客的帮助下，从机舱里收集了毛毯、大衣、夹克、救生衣，分发给瑟瑟发抖地站在机翼上的乘客。河水没过了一些乘客的脚踝，甚至没过了一些乘客的腰部。一位乘客跳到河里，准备游上岸，无奈河水冰冷，不得不又游回了飞机，其他乘客拉他回到救生筏。一位女乘客不小心从机翼滑下，落入水中，两位乘客冒着掉落河水的危险把她拉上机翼。乘客和机组成员分散站在机翼上、充气滑梯上或紧急救生筏上，等待救援。

将近 4 分钟后，第一艘救援船抵达。萨利最后一个离开飞机，登上了救援船，之前他多次走进机舱的深水中，确认没人被落下。这次事件中没有人员伤亡。从那群迁徙的加拿大黑雁撞上飞机到 1549 次航班降落到哈德逊河的那一刻，时间仅仅过了 208 秒。

许多飞行员认为开飞机可以成为一种熟悉的常规操作，只需按部就班地操作即可，例如在起飞前进行飞行计划和燃料容量等飞行前检查。即便是在极端紧急的情况下，飞行员也会严格按照训练要求，谨慎地遵循标准操作规程。毕竟，任何经验丰富的飞行员都会告诉你，遵守操作规程远比慌张地现想办法安全。

1549 次航班也一样。萨利机长在飞机撞到鸟群后大约 13 秒左右时求助于《快速参考手册》。副机长斯基尔斯已经取出该手册并翻到了相应页面——“双引擎失效清单”那页，上面列着空客飞机双引擎失效时的操作步骤。手册中都是技术术语的缩写（例如，FAC1、OFF 然后 ON、ENG MODE 选择器、IGN）以及只有经验丰富的飞行员才能看懂的指令。

空客公司在设计检查清单时的假定情况是双引擎失效发生在巡航高度允许机组有足够时间完成好几页的清单项。可是，斯基尔斯和萨利所处的情况并非如此。不过，他们还是先按计划操作。《快速参考手册》里设计了各种各样的决策路径。例如，第一步关于燃料。“如果燃料不足……”下面有 8 个分步骤，然后才是第二步。“如果还有燃料……”的操作更为复杂，相关指导涉及飞机机型、能否联系空管中心以及重新发动引擎的结果。《快速参考手册》中最长的路径有 15 个分步骤。1549 次航班的机组尝试了清单的大部分操作，包括尝试重新发动引擎，但由于时间紧迫，没能执行第三步："准备迫降"——紧急水上迫降。

当你面对压力情境时，例如一辆汽车突然闯进你所行驶的车道，老板让你在毫无准备的情况下在会议上发言，你的伙伴因为你忘记某件重要事情而斥责你——你的身体会做出反应，以确保自己记住了这一威胁。你的心脏怦怦直跳，手掌变得湿黏，思路也受到影响：只注意到当下的威胁，无视周围的世界。你的思维和注意力会变得狭隘。虽然这种名为"战或逃"反应的进化特征在野外环境中对人们大有裨益，但在现代世界却会导致决策不当。在面对压力时，我们往往会草草考虑几种选择，而忽略了全局。

当我们身陷危机，思考应该做什么的时候，不论我们是否遵循操作规程，都倾向于关注最显而易见的行动步骤，那些我们曾经在类似情况下所采用的做法。但是，恰恰在这种极端压力的时候，后退一步往往会柳暗花明。当我们从自己能够做什么的角度出发，我们的思维就会变得开阔，从而在做出最终决定之前想到了更多的可能性。我们能做什么？这种思维的转变让我们不再一味地分析和权衡有限的选择，而是想出更多有创造性的选择。

"应该"思维和"可能"思维所带来的不同结果，不仅仅影响我们在紧急情况下做出的反应。如果每当我们在生活中面对重要的决策时都不由自主地问"我该做什么"，那么这会限制我们能够给出的答案。相反，如果我们问自己"我能做什么？"，那么就能够拓宽我们的视野。

当你驾驶一架大飞机时，你面临着各种自动化操作和严格的程序，可想而知，你是多么容易陷入“应该”思维模式。而萨利没有流于常规，因为他保持着终身学习的心态。在我采访萨利时，他对我说，他把每一次飞行都当作一次学习经历，每一次都有新的收获。每当他坐进驾驶舱，都思考着自己能从中学到什么，他期待每次飞行都能提供一些自己从未想到过的新知识。另外，萨利还提到要提防视野狭窄，它会让我们在压力情景下迷失自我，所以我们要学习拓宽视野，以便更加客观地评估各种选择，包括诸如降落在哈德逊河这种新奇的想法。

一旦我们熟悉了一份工作之后，就会不假思索地按部就班。反观萨利，他强迫自己不断学习，从而能够避免屈从于常规，将每次飞行都视作一次全新的体验。正因为这种叛逆思维所带来的全新视角，他拯救了飞机上的那么多乘客。我们在各自的工作中可能不会遇到这种命悬一线的情景，但我们都会遇到压力情境。

假设你在一家名为 B&B 的中等规模的投资银行工作，而且即将成为优秀员工。B&B 在企业忠诚度方面秉持着邪教般的狂热文化：如果你选择留在公司，就要将对公司的忠诚置于首位，即便有损健康、家庭和友情。你正在跟进一个重大项目，协调对 B&B 的客户尚德（Suntech）公司进行融资收购。B&B 向尚德公司提供短期的融资，为交易筹集银行融资，同时也会收购该公司的大部分资产。多家银行为其提供优先债务担保，其中就有环球银行，而你的室友桑迪（Sandy）恰恰是环球银行的员工，而且参与该项目。

一天下班回家后，你发现桑迪满脸泪痕。她说要告诉你一个秘密，你答应替她保密，以为她只是讲讲她的私人问题。但之后，她告诉你环球银行正在解散资本融资小组，这意味着桑迪将失去工作，而且环球银行和 B&B 的交易也岌岌可危。你陷入了困境：如果你不立即和 B&B 的老板分享这条信息，公众可能会先得到消息，导致尚德公司的潜在投资者将目光转向其他项目，让 B&B 和其客户陷入危机。但你已经向桑迪承诺，不会向任何人透露此事。你面临着一个棘手的选择：背叛朋友，还是冒险让你的公司和客户蒙受损失。在这种道德困境下，忠于朋友与忠于客户和公司都很重要，两者相互博弈。对此，并没有显而易见的"正确"答案。

这个故事的原型是一位学生在我同事的"领导力和责任课"上分享的真实经历。这位学生在课堂上寻求建议，于是大家都知道了这个故事。我和同事们将一组类似的困境纳入研究内容，将其展现给一组研究参与者。我们询问部分参与者"你应该做什么？"，询问另一部分人"你愿意做什么？"，还有一部分人需要回答"你能做什么？"。用"可能"思维模式看待困境可以让参与者从新颖的视角审视问题，从而想出了更多可能的解决方案。他们意识到自己无须为了解决困境而顾此失彼。例如，一位"可能"思维的参与者写道："我会坚守对桑迪的承诺，但会列出优先贷款的其他融资方案。如果能够做成这件事，我就能将环球银行退出交易这件事转变为积极事件，让其他银行从环球银行的倒戈中获益。""可能"思维者给出的解决办法比那些"应该"思维者或"愿意"思维者的想法更有洞察力：他们没有在困境中二选一，以牺牲一方的利益为代价。（现实中，那位学员按照我同事的建议，说服了她的室友在环球银行和 B&B 小组之间斡旋并安排了一场会面，在这个过程中消息不胫而走，从而避免了严重的后果。）当你打开思维，从新的角度考虑一个看似不可能的情况时，答案就会出现。

心内科医生每年会进行成百上千次的血管成形术，通过在血管内置入一个小型金属支架（即血管支架）来修复冠状动脉内的血流状况。支架能够缓解疼痛，比搭桥术损伤性小（而且便宜），因而在 20 世纪 90 年代这项技术被引入临床，成为首选的治疗方法。医生和患者逐渐认为支架也可以拯救稳定型心绞痛患者的生命，虽然这并没有切实的证据。21 世纪伊始，出现了一种名为药物洗脱支架的新装置，它可以缓慢释放药物，预防纯金属支架可能引起的动脉再次闭合。不论是医生还是病人都期待这种支架的出现，因为它能够有效地阻止堵塞再次形成，而且在安全性上和纯金属支架相差无几。

然而，2006 年年底，医学研究发现药物洗脱支架被用到未经美国食品和药物管理局（FDA）批准的领域，例如被用于病情复杂的患者。研究还指出，这种“不经批准”的用药情况增加了病人患血栓的风险，甚至会引起死亡。2006 年，FDA 的紧急顾问团对这种适应证以外的用法的危险性提出了警告。FDA 在声明中建议医师谨慎使用该产品，在遇到适应证之外的病例时，更要如此。在随后的几个月中，药物洗脱支架的市场份额从 90% 跌到了 60%。

为了了解心内科医生对 FDA 声明的反应以及他们自身专业知识可能发挥的作用，我和同事收集了 6 年内 399 位心内科医生实施的 147 010 例血管成形术数据。我们发现了一个惊人的情况：经验较为丰富的心内科医生更可能继续使用药物洗脱支架，即便它们明显存在 FDA 所指出的危险。另外，那些与经验丰富的心内科医生共事的医生也会继续使用药物洗脱支架，不论他们的从业时间有多长。人们往往会在周围人的影响下改变自己的行为。就我们研究样本中的医生而言，他们倾向于追随更有经验的心内科医生的选择，而没有意识到这可能并非患者所需的最佳治疗方式。

我们普遍把经验看作一件好事，毕竟经验代表着知识、技能和专业水平。比方说，萨利如果没有多年的经验积累，他不可能将飞机降落在哈德逊河上。当我们觉得眼前的问题似曾相识，能够依赖经验将其解决时，我们会感到舒适并充满信心。心理学研究发现，这种感觉通常让我们在处理问题时不假思索，而不会深思熟虑。萨利的非凡之处就在于他会抵抗这种感觉。

萨利曾在空军学院学习心理学，之后作为战斗机飞行员为美国空军服役 5 年。“驾驶喷气战斗机是战术性军事飞行的顶峰，”他说，“这种感觉就像是在驾驶一辆 F1 赛车，唯一的差别是开飞机是三维的，而开赛车是二维的。”他经常利用周末和课后的闲暇时间教其他学员开飞机和滑翔机。后来他成为教官和空军小队长，再后来他成为一名商用航空公司的飞行员——在这个职位上，他又飞行了几千个小时。作为飞行员工会的安全志愿者和事故调查员，萨利还喜欢研究飞行事故案例并弄清其他飞行员所犯的错误。他研究了很多案例，发现在有些情况下标准规程并不能产生预期效果，而在有些情况下飞行员会因压力而判断失误。为了开阔视野，萨利修了两个硕士学位：一个是北科罗拉多大学（Northern Colorado）的公共管理，另一个是普渡大学（Purdue University）的工业心理学。很难想象还有谁比他更熟悉机舱。

不过，在萨利看来，专业技能不是最终成就，而是一个精进过程，必须时刻待命。“在我一生的学习、培训和经验中，我一直都在往这座知识银行中定期存款。”他告诉我，“所以那天，当我们突然陷入困境的时候，因为账户里的余额充足，我才能临时取款。”他从未练习过水面迫降，模拟器也没有这个功能。不过，他在各种情境中获得了丰富的经验，他相信学无止境，每种选择都可以从多个角度进行尝试。在积累了越来越多的飞行经验后，萨利发现了一条抵抗“自以为知”的简单方法。尽管飞机航班几乎总是固定的，但每次将飞机开离跑道的时候，他总提醒自己要未雨绸缪。每次飞行前，他都会问自己：“我能学到些什么？”

从人类心理学的角度来看，萨利的思维模式起到了关键性作用。如果我们围绕着培养能力、习得技能以及掌握新情况之类的学习目标开展工作，而不是围绕着业绩目标，例如达成具体指标，我们的表现会更好。当我们以学习而非成绩为动机时，我们在考试中会表现得更好，会获得更高的分数，在模拟训练和解决问题的任务中会获得更大的成功，在培训后会获得更高的评分。当空军服役人员接到一个颇具挑战性的有关飞机降落次数的绩效目标时，他们在降落飞机时的表现反而会降低。在另一项研究中，绩效导向的销售精英的表现往往不如那些以学习为目标的销售人员。

“自以为知”的危险在于我们会把以前的观点和决策当作理

所当然的事情——随着经验的日益丰富，我们的这种感觉会越加强烈。布朗大学（Brown University）的心理学家乔基姆·克鲁格（Joachim Krueger）在其文章中写道："自尊如同极权主义政府，它保护了人们自身的善意感、在社会的中心地位及对相关结果的控制，以此塑造感知。"我们应该随着经验的积累而开拓思维，从不同的角度处理相同的决策或者任务。然而，我们在放任"自以为知"的想法时，就会闭目塞听。我和同事做过一项研究，要求参与者在两种假设的投资选项中做出选择。接着，我们让其中一组决策者回答一套简单的常识题（例如，多伦多位于哪个北美国家？），从而让他们自我感觉良好。另一组接受的测验中包含更具挑战性的问题，比如，谁在 1904 年发明了腕表？参与者在完成测验后可以看到正确答案，并判断自己完成得如何。

之后，我们告知所有参与者，他们的投资选择结果不佳，并询问他们是否想改变主意。我们想看看那些"自我感觉良好"的参与者是否愿意接受策略的变化。结果不出所料：和心内科医生的案例一样，那些在做决策时有强烈优越感的参与者不愿听取重要的负面信息，即便他们所具备的专业知识和投资领域的关系不大或者毫不相干。

权力越大，上述问题越严重。随着我们在组织中的地位不断提升，自尊心开始膨胀，就可能将那些证明我们有误的信息视为威胁。稍有疏忽，这种地位优势就会让我们逐渐屏蔽别人的观点。在哈佛商学院进行案例教学的时候，我通常邀请案例的主人公进入课堂，这样他们就能听听课堂讨论，在课堂结束前 15~20 分钟和学生进行问答交流。几年前，我注意到过一个有趣的现象：进入课堂的嘉宾通常身居高位，他们普遍表示渴望从学生身上学习；但在课堂中，很多人都会在学生面前滔滔不绝，有时候甚至会盛气凌人，而不是倾听学生的提问，敞开心扉地向他们学习。

嘉宾们嘴上表示的意愿和他们的实际做法大相径庭，这种差别既令人迷惑又饶有趣味，我们决定做一番研究。我和同事发现，高管在课堂上的这类行为实际上相当普遍：我们在握有权势时，不太愿意接受其他人的视角，高管和学生都是如此。例如，在一项研究中，我们让一些参与者书面描述自己高人一等的时候，从而让他们感受到个人的权威。在做决策时，这些参与者会更多地按个人意愿行事，而不会听从消息灵通人士的意见。在另一项研究中，那些经过引导认为自己更有权威的小组领导会主导小组讨论，并占用大量时间夸夸其谈。因而，他们会错过其他小组成员掌握的关键信息。他们的小组在表现上不如那些由未受到权威感诱导的领导所带领的小组，而且组员往往无法享受讨论的过程且注意力相对分散。鲍勃·纳德利（Bob Nardelli）在2000—2007年担任家具零售公司家得宝（Home Depot）的首席执行官，当时他的沟通风格傲慢无礼，对他人的意见置若罔闻。这种做法令员工士气受挫、股东恼火，许多高管纷纷离开公司。几年后，纳德利因其作风饱受诟病，最终辞职。

如果我们占用太多“亮相时间”，周围的人就会丧失积极性。在高压环境下，当领导在和那些才华横溢、技艺精湛的人共事的时候尤其要谨记这一教训。我曾研究过波士顿一家大型教学医院的心脏外科手术的过程，上述发现在研究中也有所体现。我和同事观察了 58 例手术过程并与包括医生、护士、医师助理和麻醉师等手术组成员进行了 34 场访谈。有的手术组即便在手术中有所挑战（例如在冷飕飕的房间中站立好几个小时，或者在合作中需要高度专注），所有成员都享受其中，其原因往往是医生平易近人而非独断专行，每个团队成员可以适时做出恰当贡献。相反，其他手术组则难以开展有效合作，原因是带领团队的医生难以信任他人。他们的领导风格较为专断，如果他们感到权威受到威胁，就会尤为纠结。我们的观察验证了其他针对手术合作的研究，当医生难以接近或者行事风格独断专行时，手术组的表现也会受到影响——遭殃的往往是患者。相反，不甚专断的手术组在沟通和协调方面更加有效，因而患者也会获得更好的治疗效果。

叛逆者知道相比展现个人权威或尊重某些形式上的层级，团队协作完成工作更为重要。曾经有一个雪天，萨利和他的机组成员准备从明尼阿波利斯（Minneapolis）起飞，此时一位行李搬运员来到机舱，告诉萨利，他看到飞机的右侧发动机有油滴落。在副机长和维修技师的帮助下，萨利发现滴油的原因是一位技师在前一个中转站给发动机加了太多油，导致一部分油溢了出来。萨利希望感谢那位行李搬运员，但并没有把行李搬运员叫到机舱，而是穿上外套，亲自下去找他。虽然这一实际上问题并不严重，但萨利告诉行李搬运员排除问题的可能性非常重要。“你帮我们避免了大量潜在的麻烦。”萨利对行李搬运员说，“我希望以后如果你在其他航班发现什么异常，仍然告诉机组人员。”

人们往往理所当然地认为有权力就可以提高音量，无视他人的声音。研究发现，当感到有权势时，我们会倾向于在集体中表达态度和意见，同时倾向于贬低他人的观点、意见和贡献，从而认为自己有权主导互动。领导者深知他们对下属的权威。事实上，我发现领导者经常会“装聋”：他们无视别人的意见，仅仅关注自己的想法。如果他们坐上高位，他们会认为这是因为自己最在行。

作为一家米其林三星餐厅，弗朗西斯卡纳的团队是否会因为星级带来的声誉骄傲自大，从而怠慢顾客的需求呢？一天晚上，我们正在等待餐厅开始营业，领班朱塞佩·帕尔米耶里（Giuseppe Palmieri）给我讲一个故事，说明了这种情况完全不会出现在弗朗西斯卡纳餐厅。几个月之前，一个 4 口之家在周五和周六两天晚上都订了位子。周五晚上，4 个家庭成员——爸爸、妈妈和两个儿子，一个孩子大约 8 岁，另一个孩子大约 14 岁——点了名为“声色”的试吃套餐，包含 13 道菜。周六晚上，帕尔米耶里和其他服务人员再次欢迎他们的到来。“我们点 4 份‘进化中的传统’”，点餐时那位父亲高兴地说，这次是另一个试吃套餐，包含 10 道菜。帕尔米耶里一边微笑，一边回顾道，“我看到孩子们脸上传递出明显的信息，似乎在苦苦祈求：‘我们不想吃那个。’但他们并没有说出来。于是我转向年龄小一些的男孩，问他：‘你想吃什么呢？’他说：‘我想吃比萨。’”

帕尔米耶里跑到电话旁，打给摩德纳最棒的比萨店，点了一份比萨。没过多久，比萨就送到了。“我确信那两个孩子永远不会忘记那天晚上我带给他们的快乐。事实上只需要一点儿变通，还有一份比萨。”

我们都倾向于从自己的角度处理信息。如果眼前的情况和我们的期待一致，我们就会不加判断地直接接纳，如果情况与预期不符，我们就会寻求更多数据或者直接对其视而不见。哈佛大学心理学家丹·吉尔伯特（Dan Gilbert）发现，人们在面对信息时的态度和我们在看到体重秤上的数字时的反应类似。如果称出的数字不如意，我们会从秤上下来，再称一次，以便确保显示屏没有出错，或者确保我们的站姿没有影响脚部受力。但如果称出的数字称心如意，我们就会露出满意的微笑，然后直接去冲澡。我们往往会陷入自己的视角和思维。

针对这种倾向，还有一个更为科学的例证。加利福尼亚大学欧文分校的心理学家彼得·迪托（Peter Ditto）和 iAnalytics 数据咨询公司创始人兼 CEO 大卫·洛佩斯（David Lopez）合作进行了一项研究。参与者将接受一项测试，检查他们是否患有一种危险的酶缺乏症。测试中，参与者要在一条试纸上滴一滴唾液，然后等待结果。一部分参与者被告知试纸变绿代表他们患有这种缺乏症，另一部分参与者被告知试纸变绿说明他们没病。其实，试纸并不能检测疾病——那只不过是一条不会变色的纸条。结果呢？那些希望看到试纸变绿而证明自己没有患病的人比那些不希望试纸变绿的人所等待的时间更久。换句话说：如果人们认为结果会给他们带来安慰的话，他们会更加耐心地等待；如果他们认为结果会吓到他们，则不会等那么久。

在另外一项试验中，这两位研究者要求参与者像大学招生时专家做决策一样，一次审核一条学生的信息，以便评估该学生的智力。需要审核的信息内容确凿，只要参与者认为已经掌握足够的证据，给出确切结论，就可以停止审核。参与者同时还收到一张该学生的照片以及一些其他信息，从而获得直观印象。当参与者喜欢这名学生时，他们会不断地翻阅信息卡，寻找积极评估这名学生的证据；但如果他们不怎么喜欢这名学生，他们就会仅仅翻阅几张卡片，只要够确认自己的负面感受即可。

幸运的是，我们有办法应对这种自利倾向。1998 年的电影《滑动门》（*Sliding Doors*）就展示了一个有效的技巧。电影中格威妮丝·帕尔特罗（Gwyneth Paltrow）扮演的海伦（Helen）匆忙赶着搭乘伦敦地铁的一趟列车。电影铺叙了两条故事线：一条故事线由海伦通过滑动门搭上列车而展开，另一条则是从她错过了列车而展开。这一看似微不足道的时刻对海伦的生活产生了戏剧性的影响。这部电影引起观众反思生活中大大小小的事件如何改变了他们的生活。虽然我们不知道如果我们赶上地铁或者搭上电梯会有什么不同，但大多数人在生命的不同节点都可能有过疑惑：“如果当时我……”。这种时刻就像转折点一样，引发我们反思，如果事情没有发生，我们的生活会有何不同，是更好还是更糟。例如，如果你没去参加那场遇上你爱人的聚会会怎样？如果你接受了一份别的工作会怎样？如果你用不同的方式处理同事之间的矛盾会怎样？

这种“反事实思维”可以让人放下成见，从全新的视角考虑问题。在我们的选择或者所面临的问题之外，通常有无数的替代选择，但除非我们从与事实相反的角度思考问题，否则我们并不会考虑到这些选择。如果我们利用“反事实思维”，则可能对自己的工作更加感恩，对人与人的关系更加满意：我们只需考虑一下那些曾有可能让我们的生活变得相当不如意的选择即可。

研究发现，当员工从与事实相悖的角度思考时，他们对公司和同事的认同感会提升，在工作中的幸福感也会增加。例如，在一项研究中：一组参与者回顾他们公司的发展起源并描述一个决定公司存亡的特定事件；另一组参与者同样也要回想公司的起源，但需要详细地描述这些事件，而无须思考与事实相反的可能性。之后，参与者标示他们对公司的投入度，并评估这种影响是否积极。结果，反事实反思提高了参与者对公司的投入度，同时让他们对公司的未来更加乐观。认识到公司的崎岖发展经历激发了员工的投入感，增加了他们对公司的喜爱。

反事实思维还会激励我们做出积极的改变。诸如“如果我再努力一些，那场考试的成绩应该更好”，或者“如果我再耐心点，我会对伙伴更满意”这类想法鼓励我们不断努力、精益求精。

人们对工作和生活的热情会逐渐淡化，部分原因是我们经常忽视那些与我们的观点或喜好相悖的信息，而仅仅关注那些支撑个人偏好的数据。假设你换了工作，对新工作非常不满意。于是，你有些后悔，觉得自己做错了，甚至漠视工作中积极的方面。此时，反事实思维能帮你拓宽视角：“如果留在上一份工作中，说不定你最终会陷入枯燥无味的例行公事？”当我们考虑事情不同的展开方式时，我们将会对生活中的未知更加敏感，从而在进行决策时考虑得更加全面，生活中的心态也会更加开放。

反事实思维还会为生活增添意义。在一项研究中，一组参与者需要回想他们生命中的某个重要事件。研究者同时还要求其中一些参与者思考“这件事情的另外一种走向”。与那些没有考虑其他可能性的参与者相比，反事实思考的参与者把那件事情看得更有意义。在另一项研究中，一半的参与者被要求回想那些可能让他们无法遇到目前好友的事情。另一半的参与者，即对照组，被要求回忆他们第一次见到目前好友时的细节。那些运用反事实思维的参与者更加珍视他们的友谊。

通过反事实思考，我们不再仅仅关注个人的想法，但不幸的是，当我们经验渐长，这种倾向愈加严重。我们似乎忘记了自己也曾经青涩无知。当我们成为专家时，就忘掉了自己曾经作为新手时的经历。我们也更容易陷入所谓的“后视偏差”：在知道了结果之后，误以为自己原本就对一切了如指掌。

这种“知识偏差”会让我们高估其他人的知识储备。如果你曾经在维修师滔滔不绝地讲述车的问题或者医生向你快速解释身体问题的时候感觉一头雾水，问题或许并不在于你缺乏专业知识，而在于这些专业人士没能意识到你可能不懂。那些掌握较多专业知识的人在和在新手互动的时候通常会忽略新手缺乏专业知识的事实，而且他们也会高估新手学会复杂任务所需要的时间。

哥伦比亚大学博士后张婷试图通过一项研究确定专家能否通过重新体会缺乏经验的感觉而克服“知识偏差”，从而更好地和新手沟通。她招募了一些至少有 3 年吉他弹奏经验的专业吉他手，要求一部分参与者翻转吉他，用他们的非主导手（左撇子就用右手，反之亦然）拨弦，当然平时用来按压指板的手也换了角色。她要求对照组正常弹奏一分钟。

之后，研究者要求这些专业吉他手观看一位吉他初学者努力弹出一段和弦的视频，并给出针对性的建议，此外，他们还要评估初学者的潜力并体会初学者的感受。研究者同时招募了另一组至少有一年弹奏经验的吉他手，他们将评价这些专业吉他手之前的建议是否有价值。

反手弹奏吉他对专业吉他手来说有困难，因而，他们更能体会到初学者的苦衷，此时的专业吉他手更像是初学者。这说明反手弹吉他的方式可以有效地帮助专业吉他手重新体会生疏感。反手弹吉他的参与者较那些按传统方式弹奏的参与者而言，他们在新手身上看到了更大的潜力。而且，有趣的是，对于重拾生疏感的专业吉他手给出的建议，新手演奏者给出了更为积极的评价，认为它们比那些控制组的专业吉他手给出的建议更有帮助。至少在这个领域中，模仿初学者有助于专业吉他手从初学者的视角思考。重新找回生疏感可以防止那种误导性的、“自以为知”的感觉。

几十年来，钻石的切割都采用机械的方式，比如用锯子。20世纪70年代，由于功能强大且相对廉价的激光的发展，这一方式开始改变。然而，这种方式并没有带来流程的简化。不论是用锯子还是激光切割钻石，都会造成一些肉眼所看不见的断裂，从而影响钻石的价值。钻石生产商希望有一种沿着天然裂痕切割钻石但又不会造成新裂痕的切割技术。他们从一个意外的领域找到了解决方法——食品公司里不起眼的青椒。食品公司在给青椒去籽的时候，先将青椒放在容器中，然后增加容器内的气压，这会导致青椒收缩并从根部断裂。紧接着，气压快速下降，青椒从最脆弱的部位爆裂，种荚崩出。钻石生产商受此启发，决定用相似的工艺处理钻石。这样钻石就会沿着其自身天然的裂痕分开，而不会对钻石的完整性造成任何损坏。

不论在工作还是生活中，我们时常会面对一些无法独自解决的问题。有时我们可以从专家那里获得解决方案，比如，找理财顾问帮我们管理资金，找经验丰富的招聘人员帮我们跳槽到新职位。虽然专家能够在其专业领域给我们提供帮助，但有时候我们或许更希望有人能给我们提供一种新的视角。叛逆者清楚，不同的视角能让我们跳出陈旧的假设，做出更深刻的思考。

一位名叫阿尔夫·宾厄姆（Alph Bingham）的年轻人在斯坦福大学攻读有机化学博士时，他的化学教授每周布置项目作业。在交作业那天，教授会要求 5 个学生上台阐述他们的项目。宾厄姆慢慢发现了一个有趣的现象，每个班的学生对任何问题都有不同的解决办法。学生们的背景和经历不同，他们带来的独特视角或许比课上教授的内容更为重要。新颖的观点和解决方案源于我们看问题的独特方式，而不是手头的工具。

宾厄姆后来成为礼来公司（Eli Lilly）的一名科学家。1988 年，他根据在化学课上获得的灵感，在马萨诸塞州乌尔瑟姆（Waltham）和另外两位礼来公司的科学家联合创办了意诺新

（InnoCentive）公司：如果一家企业无法独立解决某个问题，就应该善用互联网的力量，看看是否有人能够提供解决方案。意诺新和那些“求贤者”公司合作，他们把自己面临的挑战发布在意诺新网站上。“解决者”负责想办法，并且能够获得“求贤者”提供的现金奖励。意诺新公司认为这种发布在线挑战的方法适用于各行各业，包括工程、化学、计算机科学、生命科学、商业甚至社会经济。有些挑战专业性较高，例如，寻求一种测量聚合物薄膜的方法，还有一些挑战则笼统且宽泛，例如，提升社会和社区对可再生能源的接受度。在2001—2016年，意诺新网站上共发布了1 600多项挑战，30余万已注册的“解决者”争相解答，其间发放了超过4 000万美元的奖励。

意诺新网站上发布的问题似乎需要深厚的专业领域知识才能解答出来——然而，获得奖励的方案通常来自问题领域之外的解决者。宾厄姆经常谈及一项高分子化学领域的挑战。发布这项挑战的公司对提交的多种解决方案很满意并给其中5位“解决者”颁发了现金奖励，其中包括一名工业化学家（不足为奇）、兽医、一家小型农业公司的老板、药物传输系统专家，以及一名天体物理学家。

哈佛商学院教授卡里姆·拉克尼（Karim Lakhani）和其同事对意诺新公司4年内成功解决的166项挑战进行了数据分析。他们发现，如果解决者所在的专业领域与挑战问题的领域相差6度，他们解决问题的可能性比那些更了解相关领域的人高出3倍。实际上，非专家比专家能更好地解决问题。

意诺新公司和伦敦国王学院（King’s College London）的奥古

兹·阿里·阿卡尔（Oguz Ali Acar）以及伊拉斯谟大学（Erasmus University）的贾恩·凡·登·恩德（Jan van den Ende）合作了另一个项目。他们收集了230名在意诺新网站已注册的问题解决者的数据。研究者要求这些解决者判断其选择的问题与其个人所在专业领域的差别程度，以及他们在解决问题时对丰富资源的利用程度。回答者还要指出他们总共在相关项目上花了多长时间，以及他们在思考问题的过程中总共联系了多少人。分析显示，突破性的方案往往归功于人们投入的时间和努力，而不是在相关领域的专业知识。当那些已经对自身领域有所了解的内行人士利用丰富的外部资源时，他们想出的解决方案通常会更具创意。同时，当外行人士深挖问题领域时，他们给出的问题解决方案也更有可能获奖。

当我们不是专家的时候，我们更容易从全新的视角考虑问题。不熟悉或者难搞的论据，相悖的观点，否定我们的信念和直觉的信息——比那些我们熟悉的言论和证实我们观点的证据——更能引起我们深思，从而给出更具创意、更为复杂的结论。这正是外行人相比专家的优势所在：他们不那么固执于现有观点。

1500年，奥斯曼帝国的苏丹巴耶济德二世（Bayezid II）认为统一“旧伊斯坦布尔”和邻邦卡拉科伊势在必行。当时只有一个阻碍：阿利比科伊河（Alibeykoy）和卡格萨尼河（Kagithane）的河口，这片宽2 500英尺的水域将两块区域分割开来。这片河湾又名“金角湾”（the Golden Horn），当时人们认为不可能建起一座横跨河湾的大桥。桥梁建筑专家努力构想有效的设计，但河流的宽度和长度为设计带来了严峻的挑战。苏丹知道连接卡拉科伊能够促进两个区域繁荣发展，他需要一座即便是造桥技巧精湛的罗马人也没尝试过的桥梁。他找来了达·芬奇。当时达·芬奇在绘画上的造诣远比其在工程方面的造诣深，似乎达·芬奇并不能带来多大突破。但苏丹认为，达·芬奇研究自支撑桥梁设计有 20 多年，这正是他需要的。虽然当时威尼斯和奥斯曼帝国正在交战，但达·芬奇一心扑到这项任务上。他使用三种著名的几何原理——抛物线、压弓和梯形拱，并提出了一个新颖且雅致的解决方案：一座长 787 英尺，宽 78.7 英尺的单跨桥。如果得以建成，这座桥将成为当时最长的桥梁，很可能成为世界第八大奇迹。不过，苏丹仔细研究了达·芬奇的设计后，还是否决了这个方案，他觉得这座桥不可能建起来。

300 年后，达·芬奇设计这座桥的工程原理开始为人们接受。2001 年，挪威的工程师决定以达·芬奇的设计为原型建一座桥。这座长 328 英尺，高 26 英尺的木桥建在挪威首都奥斯陆以南 20 英里的奥斯小镇，栏杆由不锈钢和柚木建成，2001 年建成。外行人能够为各种新旧问题带来新视角。不过，他们的才华可能需要几年甚至几百年才能被认可，因为专家总是过于专注自己的想法。

和博图拉共事总能让人们从不同的视角看世界。例如，他有时候会要求员工根据一段音乐创造菜品。我和生于加拿大的厨师主管杰茜卡·罗斯瓦（Jessica Rosval）一起整理后厨的时候，她和我说：“我来这里几个月后，慢慢适应了他的风格。有一天，他风风火火地跑进厨房告诉我们：今天的新任务——卢·里德（Lou Reed）的歌曲《走在狂野的一边》（Take a Walk on the Wild Side）。所有人都要做这道菜。’我想，天啊！我得从哪里开始做起？”

“我们做了各种各样的菜品。”罗斯瓦说，“有的人以这首歌的低声线为焦点，有的人关注于歌词，有的人把重点放在歌曲创作的年代。博图拉在车里听到这首歌时的突发奇想催生了各色各样的菜品。”

对于罗斯瓦和其他员工来说，这项任务充满了挑战，但也让他们得以玩转厨房。可惜的是，这在我们的工作中非常罕见。这种挑战让工作更加有趣，让我们注意到一个经常被忽略的事实——我们对世界的看法并不全面。人们能意识到自己可以拓展知识和技能是件好事，这将增加我们的动机并让我们保持谦虚。加利福尼亚大学戴维斯分校的心理学博士后特内拉·波特（Tenelle Porter）在他的论文中提到了“智力谦虚”（intellectual humility）——承认自己认知局限的重要性。在波特的研究中，智力谦虚的程度与考虑相悖观点的意愿成正比。保持智力谦虚的人在工作和学习中都会表现得更出色。此外，智力谦虚让我们更聪明：我们倾向于用发展的眼光看待所处的世界，看到未来与现在的不同。智慧就是不再“自以为知”。

博图拉通过卢·里德挑战让员工意识到同一个问题有各种不同的解决办法，这和宾厄姆在斯坦福大学的化学课上看到的一样。博图拉的这种思维习惯让他创造了一个又一个惊喜。就拿他的作品“迷彩——丛林中的兔子（Camouflage: Hare in the Woods）”来说，在这道菜中，兔肉煲被平铺在画布似的盘子中，而不是放在罐里，底层是兔肉提炼的奶油，和黑砂糖一同烤制，看起来像是焦糖布丁，兔肉上层是用不同颜色的菜根粉铺成的迷彩图案。味道浓郁的兔肝在皇家奶油的调和下像巧克力般丝滑。这道菜品的灵感源于1914年格特鲁德·斯泰因（Gertrude Stein）和毕加索的故事。一天晚上，他们沿着巴黎的拉斯帕伊大道（Boulevard Raspail）散步时，遇到了最早的迷彩风格的军用卡车。“那是我们发明的！”毕加索脱口而出。“那是立体派作品！”当博图拉想到这个故事时，他就想到了兔子穿着迷彩的画面。

我们在任何情形下——不论是画一幅油画，做一道米其林三星的菜，还是在引擎失效的飞机驾驶舱进行紧急迫降都取决于我们的视角。

第五章

难以接受的事实

多面天才

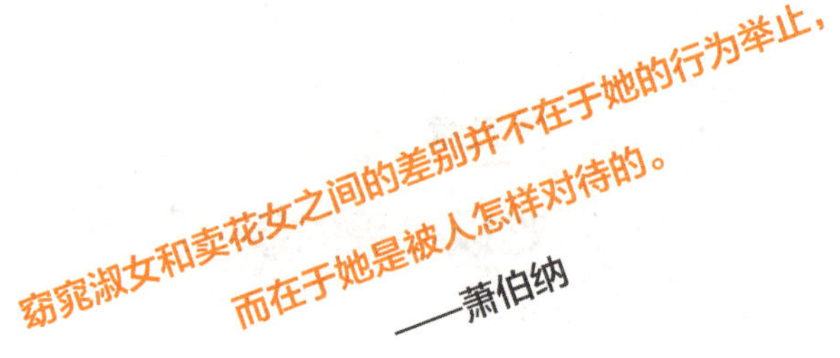

2016年2月初的一个晚上，44岁的作家、电影制作人阿娃·杜威内（Ava DuVernay）正坐在迪士尼团队大楼二层的等待区，这里是迪士尼公司位于加利福尼亚州伯班克（Burbank）总面积达33万平方英尺的办公区。尽管这座建筑气势恢宏，但看到大楼正面耸立的《白雪公主》中的7个小矮人雕塑时，还是让人不禁会心一笑，它们的实际作用是支撑房顶。这些将近20英尺高的小矮人雕塑巧妙地体现了这家公司以经典动画魔力为核心。

杜威内是2014年奥斯卡提名电影《塞尔玛》（*Selma*）的导演，此时，她正等着与迪士尼电影公司总裁肖恩·贝利（Sean Bailey）和迪士尼电影制作执行副总裁泰多·纳杰达（Tendo Nagenda）见面。贝利和纳杰达已经在迪士尼公司共事近8年，他们负责保证电影制作按部就班、井井有条，同时负责为公司有意向的电影选择编剧和导演。

迪士尼公司准备改编马德琳·伦格尔（Madeleine L'Engle）的著名科幻小说《时间的褶皱》（*A Wrinkle in Time*），这对老搭档想看看杜威内是否为导演该作品的最合适人选。伦格尔的这本书最早出版于 1963 年，书中讲述了 13 岁的女孩梅格在其天才科学家父亲消失后，和弟弟以及好朋友一起穿越时空寻找父亲的故事。要想把这个故事搬上荧幕，任务重大。《时间的褶皱》是个科幻故事，但故事中并没有好莱坞电影中司空见惯的激光和飞船。梅格是通过一个可以延伸到第四维度（时间）的宇宙魔方进行时空穿越的，而电影必须在视觉上体现出这个维度。不论是在成本还是规模上，这部电影都注定超过杜威内执导过的其他任何电影。这部作品的另一个挑战在于这么一部好莱坞大片的主角只是一个戴眼镜的 13 岁女孩。

这对杜威内来说，曾是想都不敢想的机会。虽然成长于洛杉矶县治安问题严重的康普顿市，但在杜威内心里，那是个有家人和朋友陪伴的美丽地方。杜威内在家里 5 个孩子中排行老大，她见证了母亲通过上夜校，从银行出纳员做到医院行政，再到担任人事部门主管的经历。是她的姨妈第一次带她到电影院，与她畅谈自己看过的电影，介绍电影行业。儿童时期的杜威内想成为一名律师。八年级时，她的祖母给她买了一个公文包，这让她感觉自己离梦想更近了一步。杜威内在一所女子天主教学校上了 12 年学，她是那里第一个黑人返校节女王和学生会主席。

杜威内曾在加利福尼亚大学洛杉矶分校学习非裔美国人历史，

毕业后，她先在新闻业工作，后来成立了个人电影宣传公司，从事好莱坞电影宣传和营销 14 年。由于一直对电影感兴趣，她享受在这个行业中的工作。她出现在各种拍摄棚，经常坐飞机去参加媒体招待会和电影首映，并在途中与导演长谈。“身为一名电影宣传者，我总是和电影制作人在一起。”她在 2012 年接受《访谈杂志》（*Interview Magazine*）的访问时说，“那时我就在想，他们只是有想法的普通人，我也一样有自己的想法。”

即便如此，她开始实现自己的想法时意味着已慢人一步，因为这个领域已人才济济。起初，杜威内有所犹豫，“但我意识到能够和著名的电影制作人近距离接触，观看他们在片场执导带给我的经验，虽然和电影学校不同，但仍然让我受益匪浅，”她在《访谈杂志》中说，“同时，我开始刻意学习和练习——拾起相机——就这样开始制作电影。”她执导第一部短片电影时已 32 岁。

作为一名女性，杜威内的好莱坞成功之路在一个男性主导的行业中并非一帆风顺。曾经有男性闯入她的个人空间，质疑她的领导权威，通过这件事，她开始认真反思了自己在片场的形象，包括穿着。她通常会戴一顶帽子，以避免“不速之客”摸她的头发——人们对她的头发绺很感兴趣——她还戴着一副眼镜，这样做貌似为了没人会看到她在指导感人的场景时落泪，事实上她只是觉得隐形眼镜不舒服而已。“你不想被人看到泪光闪闪，”她在洛杉矶电影独立论坛上告诉观众。“人们会在经过你身边时说‘她在哭呢’。对一位女导演来说，不能这样。”

杜威内没有业内人脉，按照她自己的话说就是没有“有钱的叔叔”，这让她面临着重重变数，有时候她也会设想自己在内部人士相助下会有何不同。不过，有一天她突然意识到：“如果把时间花在喝咖啡和寻求指点，或者费尽心思在行业中找捷径，那就没有时间去研究剧本，研究如何增强人物角色表现力，思考排练技巧，思考电影制作中的形象主义和电影调色等问题……那些你所谓的行动其实是在等别人为你铺路。”

杜威内最早拍摄的两部作品都是小成本电影，其中一部还是她自掏腰包。之后她拍摄了《塞尔玛》，故事的原型是1965年马丁·路德·金（Martin Luther King）领导的选举权运动。根据《纽约时报》专栏记者A. O. 斯科特（A. O. Scot）的说法，这部电影“大胆张扬，就算你已经知道了结局，它依旧让你惊心动魄。电影中情节紧凑，人物形象丰富，在层层递进的电影叙事方面颇为成功”。《华盛顿邮报》评论家安·霍纳迪（Ann Hornaday）称杜威内的这部电影“激动人心，多层次巧妙推进……观众被一连串惊险的事件紧紧吸引，电影中的细节或绝望感并没有让观众迷茫，而是提供了丰富的证据：电影中描述的民权运动推动者并不是对遥远过去的仿造，他们承担着更多的现实使命”。杜威内获得了奥斯卡的认可，《塞尔玛》是第一部获得该奖项提名的由非裔美国女导演执导的电影，此外，她还获得了金球奖最佳导演的提名。

杜威内并没有止步于《塞尔玛》的成功。之后，她为奥普拉·温弗里电视网创作的电视剧《蔗糖女王》（*Queen Sugar*）大获成功，电影叙事巧妙，充满地域感，深入刻画了主流文化中很少被提及的非裔美国农民，因而获得赞誉。杜威内决定只招募女性导演完成这部电视剧，用她的话来说“这种做法相当激进”。她没有通过传统的好莱坞渠道进行招聘，而是寻找那些多年来给她带来灵感的电影制作人，有时候她会通过推特和她们取得联系。她还跟踪独立电影。

杜威内一直在用行动回应自己面对的挑战，有的挑战含沙射影。在采访中，记者问的更多的是她的非裔美国人背景，以及她作为女性在电影行业的体会等诸如此类与电影制作无关的问题。人们只看到她是黑人，是黑人女性，是黑人导演，而不是纯粹地把她看作一个导演，人们很少问到她对电影的看法，以及她的排练方式。这些问题都是留给白人男导演的。杜威内对此给予了回击。她一面寻找被埋没的人才，一面主持播客节目《热线电话》(*The Call-In*)，她在节目中邀请非裔美国电影制作人详细探讨剧本、拍摄和剪辑。她提的问题不涉及种族和身份，她只要求嘉宾谈论幕后工作的技术和创新过程。

在到达迪士尼公司时，杜威内把这一切问题和困惑都抛在脑后。她很了解贝利和纳杰达，他们已经明确表示了对杜威内作品的欣赏。杜威内在接受《异视异色》(*Vice*)采访时说道：“在那个房间，那是我第一次像白人一样走进办公室，讲述自己的故事。”这对迪士尼伙伴很快确定杜威内就是改编《时间的褶皱》的合适人选。在后续讨论中，杜威内提议把梅格的家庭背景定为混血家庭，而电影可以在一定程度上表现梅格对自己肤色的适应过程。贝利和纳杰达则认为这个点子非常巧妙，这个工作非杜威内莫属。别的工作室或许会丢给杜威内执导一部类似《塞尔玛》的作品，但贝利和纳杰达看到了她更大的潜力和才华，而不是她的肤色，而杜威内也不负所望。在2月的一天晚上，她和两位迪士尼制片人讨论的时候，她的身份已是电影制作人，并随时准备投入她所热爱的工作。

她说，“其他一切的包袱都不存在了。”

马萨诸塞州剑桥市，一个春日清晨，上午9点，我在办公室焦急地查看手机。鉴于我要去的地方，连天阴雨之后出现的蓝天就足以让我开心。我那天没课，所以一身商务休闲装扮——蓝色七分裤，短袖灰色毛衣，平底鞋。一位哈佛商学院的同事提出要送我去机动车登记处考试。在美国无证驾驶多年后，我终于有时间去进行一场驾照考试。虽然很多年前我就在意大利通过了驾照考试，但还是浑身紧张，担心在同事面前考砸，那样太丢人了。再说，同事把自己的宝马6系借给我考试，稍微刮擦一下都得赔上大笔钱。

同事发来了短信。我拉上背包拉链，去会面地点，当时同事穿了一身灰色条纹西装。“我这么穿可不是为了庆祝你获得美国驾照的，”他笑着说，“我今天晚些时候有课。”不久后，我们就来到了水镇购物中心（Watertown mall）的停车场，在车里等着考试。同事帮我梳理了一遍考试中需要避开的常见错误，诸如滑动停车、不当变道及开得太慢等。他正说着，一位身材高大，戴着墨镜的机动车驾照考官过来叫我的名字。

“你现在可以坐到驾驶位，”我们走向宝马车的时候，考官说，“你父亲可以坐到后面陪同，但他必须保持安静。”

我的同事大概仅比我大15岁，他坐到了后座，我差点儿笑出来。我确定这位考官没有冒犯之意；他只是根据我们的外貌做了快速判断——我同事西装革履，我背着背包。毕竟，他对父亲陪同考驾照一事习以为常。

我们认为特定人群拥有某些固定特征，这种成见深植于人类思想中。我们建立关联，然后遵守这种关联：雷和雨，白发和老人，女儿和父亲一同出现在驾照考试中。生物界中适者生存，动物在进化过程中会对捕食者快速做出判断。有些黑猩猩会根据直觉袭击群体外的猩猩。有些鱼会驱逐同种鱼，仅仅是因为它们不在同一片湖水中孵化。同样，人类也不相信外来者。为了区分敌友，我们用显而易见的准则评判他人，诸如年龄、体重、肤色和性别，当然还有教育水平、残疾情况、口音、性征、社会地位和工作等。

成见能帮助我们感知世界。但由于成见仅仅是概括性的想法，它们可能会引起麻烦或恼人的行为，比如那位考官把我的同事说成“你的父亲”，是最轻的威胁。当我们认同某种成见时，就可能会沦为残忍且势利的恶人而不自知。相反，叛逆者知道成见会一叶障目，使人失去判断力，他们知道避免落入成见才能更清楚地看清现实，从而带来竞争性的优势。叛逆者不会不假思索地接受别人定好的社会角色和态度。他们挑战固有的角色和态度，从不错过任何推翻偏见的机会。

成见就像防火墙一样，如果我们稍有疏忽，它就会把新的信息拒之墙外，不让这些信息改变我们的思想，除非出现戏剧性的情境。1999 年的电影《美丽战争》（*Beautiful People*）以波斯尼亚战争期间的伦敦为背景，其中一幕是年轻的医生将一位刚到伦敦的巴尔干战争难民带回家——她本人和观众们对这个人都一无所知。吃晚餐时，医生保守的上层家庭表现出一种自以为是的势利态度，而难民则看上去一副不谙世事、没有文化的样子。后来，难民坐到这家人的钢琴前，弹奏起美国作曲家路易斯·戈特沙尔克（Louis Gottschalk）的浪漫钢琴曲《安达卢西亚的憧憬》。他的娴熟演奏让这家人和观众瞬间脱离了刻板假设，从而用一个新的视角看待此人，甚至对和他类似的人的看法都有所改观。

每次在课上谈到成见时，我都会让学生做一个小测试。我在大屏幕上闪现“桌子”“厨房”“电脑”等一系列词汇，并要求学生喊出每个词属于屏幕左侧的范畴（例如“职场”），还是属于屏幕右侧的范畴（例如“家”）。学生们总能恰当地匹配与工作相关的词汇，比如将“桌子”和“电脑”与“职场”匹配，也能恰当地将与家庭相关的词汇，比如“厨房”和“儿童”与“家”匹配起来。他们还能轻松地将典型的男名，比如“布莱恩”和“男性”匹配，或者将典型的女性名“凯蒂”和“女性”匹配。为增加任务难度，我又增加了一轮测试，在屏幕上闪现一组词，有的是人名和工作词汇，有的是人名和家庭相关的词汇。学生需要喊出“左”或“右”以说明闪现在屏幕上的词属于屏幕左侧的两种范畴之一（“男性”或“职场”），还是属于屏幕右侧的两种范畴之一（“女性”或“家庭”）。这种情况下，他们往往能不加犹豫地给出答案。

当我要求他们转换思维，把“女名”和“职场”作为列在屏幕左侧的两个范畴，而“男名”和“家庭”两个范畴列在右侧。面对这种突然的转变，他们开始在回答时支支吾吾，语速大大降低。他们表现出的偏见不难理解：男人属于工作和职场，而女人属于家庭。我很快意识到，学生们对职场女性并没有偏见——实际上，许多学生都是职场女性。我们之所以将男性和工作更加快速地联系起来，是因为我们更习惯于看到男人工作。

这种思维在人类成长早期就有所体现。婴儿在10个月大的时候就开始将男人和女人的面庞与带有性别特征的物品（例如锤子或者围巾）进行关联，这说明在婴儿阶段原始成见就开始形成了。3岁的孩子已经体现出理解性别差异的能力，他们能够辨别与不同性别相关的成人物品（衬衫、短裙和领带）、玩具、角色、外貌以及活动。3岁的孩子还能识别与性别相关的抽象联系（例如，女性柔弱，男性刚强）。研究者发现，处于学龄前到五年级阶段的儿童在对男孩和女孩做出的瞬时关联中有一个固定的认知：女孩温和亲切，穿裙子，玩布娃娃；男孩皮实，留短头发，喜欢活动性的游戏。

父母甚至在儿童出生之前就为他们的性别定型，例如，他们用飞机和卡车模型装饰男孩的房间，用芭比娃娃和毛绒玩具布置女孩的房间。孩子们在睡前听的童话故事，在电视或电影中看到的故事也会影响他们看待自己和别人的方式。这些故事通常将女性形象刻画得柔弱可人，认为她们只有在男性的帮助下才能成功。比如，在《小美人鱼》（*The Little Mermaid*）中埃里克王子（Prince Eric）为阿里尔（Ariel）在陆地上提供了奢华的生活；白马王子帮助灰姑娘脱离困境，过上了富裕的生活。虽然迪士尼公司近来一直尝试在电影中减少带有成见的故事线，例如《冰雪奇缘》（*Frozen*）、《海洋奇缘》（*Moana*）和《时间的褶皱》都刻画了强硬的女性角色，但大多数娱乐公司的作品还遵循着对性别的陈旧观念。

人们产生了成见和偏见后，往往难以摆脱，即便事实与之相悖。当我们与那些和自己同样性别、人种、民族或政治倾向的人互动时，我们会感到舒服自在，这种感觉会巩固已经形成的刻板印象。这也使得如果我们感觉与他人相似时，就会以己之心度人，并认为自己能和对方合得来。在我们从青春期步入成年的过程中，我们不断地被与我们相似的人所吸引。如果偏好、习惯和观念基本相同，人们在交谈和合作时就更加容易。同时，我们和那些与我们不同的人相处可能会引起摩擦，导致心绪不宁、徒劳无获。有关浪漫关系的研究显示，人们之间的关系并非常言所说的“异性相吸”，我们通常只会被与我们相似的人所吸引。当我们和与自己的想法一致的人相处时，我们会更加舒适惬意，但也会因此早早地故步自封。

研究者发现，那些敢于挑战成见的人通常会遭遇反对，而那些活跃在男性主导领域里的成功女性所遭遇的反对尤为强烈。一项研究曾将女性描述为原本男性领域（例如金融或者建筑行业）的佼佼者，让参与者对其做出评价。结果，参与者认为这些女性和男性从业者一样有能力，但不如男性受欢迎。如果没有明确地说明女性是否能胜任某个领域的工作，参与者会认为她们没有男性受欢迎且能力不及男性从业者。因此，参与者认为女性在工资待遇、提升机会和资源获取等方面应该低于具有同等能力的男性。

“我的说话方式不同于传统女性的说话方式，”加拿大前总理金·坎贝尔（Kim Campbell）曾说，“我相当强势。如果我不这样说话，别人就不会把我看成领导。但鉴于我的说话方式，很多人会因为听到这些话出自一个女人之口而感到不舒服。领导人这么说话无可厚非，但女人这么说话就不行。”

女性在职场的最初崛起源于外部环境压力。在第一次世界大战和第二次世界大战期间，美国工厂需要女性替代在战斗中牺牲或者受伤的男性来完成工作。在战争年代，许多女性加入军队，当护士、开卡车、修飞机或从事文职工作，从而男性得以空出精力，参与战争。大批女性进入行政服务领域工作，还有女性成为工程师或药剂师，为战争研发武器。尽管许多女性在两次世界大战之后不得不将工作让给退伍军人，但战争确立了女性在职场的地位。随着社会职业机会的增加，女性并不是唯一的受益者，她们所加入的公司甚至整个经济都受益匪浅。

这种受益延续至今。管理咨询公司麦肯锡在最近的一项报告中分析了美国、加拿大、英国和拉美地区各行各业的 366 家上市公司的专有数据，发现性别多样化程度处于前 25% 的公司的收益回报比同行业、同水平的公司高出 15%。女性所领导的公司拥有更好的财务状况。女性在劳动力的占比越高，经济增长就越快。事实上，增加女性劳动力可以将一个国家的 GDP 提升近 21%。

然而，变革的过程并非一帆风顺。在工业革命期间，当女性初次成为劳动力，大胆进入工厂和办公室时，男性把这些女性（以及机械生产）视为其地位的威胁，许多女性因为和男性抢工作而被批评——即便情况并非如此。那些有丈夫和孩子的女性所受到的反对声音更为强烈。人们将青少年违法犯罪行为的增加归咎于女人“不务正业”。与男性不同，女性面临着双重束缚，她们需要兼顾工作和家庭。

现在，我们明白了女性面临反对的心理原因。我们认为女性具有“公共倾向”，她们关注他人、态度谦虚、助人、温和、让人舒服、敏感、善良；我们认为男人具有“能动倾向”，他们独立、强壮、有说服力、以自我为中心、有能力、善于竞争。因而，我们期待男性追求他们的职业目标，而认为女性应该守在家里。这些期待塑造了我们看待职场男女的不同方式。强势的男性工作者是“老板”，而强势的女性工作者就被视为“专横”。自信的男性“有说服力”，而自信的女性则“咄咄逼人”。如此种种。

根深蒂固的性别观念导致人们在招聘、绩效评估和升职选择时有失偏颇。一项实地研究招募了两名男生和两名女生，让他们到费城（Philadelphia）的 65 家不同档位的餐厅进行现场应聘。这些学生的简历清楚地显示他们拥有相似的个人背景和经验，而他们所申请的工作也都一样——服务生。大多数高档餐厅（13 家餐厅中的 11 家）把工作机会给了男生，大多数低档餐厅（10 家餐厅中的 8 家）把工作机会给了女生。由于高档餐厅的收入要比其他餐厅高得多，招聘时的偏见显然会造成不同性别在收入上的差异。当然这种偏见也会让餐厅错过最合适的员工。

女性在获得工作后，通常难以晋升。2014 年的一项研究采集了 28 家公司的 248 份业绩评价数据，发现针对男性的评价数据中有 59% 的批评内容，而针对女性的业绩评价中有 88% 的批评内容。男性和女性都收到了建设性的反馈，但女性收到的更多是与性格相关的批评，一般是提醒她们说话不要大声或粗鲁，要给他人留余地，不要评判他人。

1982 年 8 月，38 岁的安·霍普金斯（Ann Hopkins）被提名为普华会计师事务所（Price Waterhouse）的候选合伙人。自从 4 年前加入公司以来，她为公司带来了大于 4 000 万美元的收入，超过其他任何候选人。在 1981 年和 1982 年，她的付费时长超过其他 88 位候选人。团队在她的提名议案中称赞她拥有“出色的表现”。然而，多个男性合伙人在评估她时认为她过于“男人”，缺乏“魅力”。超过一半的被提名者被擢升为合伙人，但作为唯一的女性候选人，霍普金斯并不在其中。

一位支持霍普金斯晋升的合伙人向她透露了投票合伙人的反馈：按照他们的说法，她“过于强势”“太严厉”“不好相处”“对员工没耐心”“没有女人样子”，而且“不受欢迎”。另一位合伙人建议她“走路、说话和穿衣时要有女人味，要化妆，做发型和戴首饰”。她所收到的表扬听起来也颇为牵强：一位合伙人说她已经“从原先说话强硬、像男人一样冷酷的经理，转变为充满威信且更有魅力的女性合伙人人选”。

在那个时代，霍普金斯的确是个不同寻常的女性：她满口脏话，午餐时喝啤酒，骑摩托车，拿着公文包而不是手提包，不化妆也不戴首饰。而且，她对化妆过敏，即便不过敏，鉴于她离了三倍焦距眼镜就什么也看不见的情况，她也会觉得化妆比较麻烦。她觉得把需要的东西放到公文包比手提包方便，如果用手提箱会更方便。她不明白这些鸡毛蒜皮的事情和她的工作有什么关系。

普华公司声称给霍普金斯一年的时间来展现“合伙人所需的个

人能力和领导特质”，但仅仅 4 个月之后，她就被告知不可能晋升。1983 年 12 月，她接到一条意外的消息：她不会再次被提名为合伙人候选人了，虽然她的工作考核结果总体来说不错。与此同时，19 名和霍普金斯一同候选的男性则进展顺利。其中 15 位在那年被提升为合伙人。霍普金斯忍无可忍：圣诞节来临的前 4 天，她辞职了。

虽然霍普金斯的遭遇发生在 20 世纪 80 年代，但今天女性在高管层中仍然没有太多席位。2017 年，财富世界 500 强企业中只有 32 家公司的 CEO 是女性，部分原因是不论男性还是女性，他们都认为男性特质能够带来有效领导。研究发现，人们认为优秀的管理者一般都是男性。女性往往被认为能力不足，与男性相比，缺乏领导潜力，因而如果她们在工作中表现强势，在面临升职时则更容易遭到质疑和反对。其他女性也会像男性一样歧视自己的同性伙伴。当女性掌权时，不论她们的男下属还是女下属都会抱怨其专横冷酷、矫情激进——这些特点都和传统的“女性”特征相违背，比如同情、温暖和顺从。

女性通常在幕后默默付出。在教授 MBA 级别的课程时，我经常会要求学生以 4 人或 5 人一组完成小组项目。尽管这项活动不是最受学生欢迎的，但在教授课程内容和培养团队协作方面都很有效。不过，我经常发现：往往由一个学生承担大部分甚至全部任务，而其他小组成员则坐享其成，得到同样的分数，并且最后通常是女学员为其他组员收拾烂摊子。

研究显示，这种情况在公司中很常见。女性所承担的工作量通常不亚于男性，但男性总能得到更多的称赞。当男性员工提出好的想法时，他们的绩效评价会得到提升；而如果同样的想法由女性员工提出时，管理者对她们的绩效评价则不会有任何改观。同样，当男性领导发声而非保持沉默时，他们收到的能力评分会高出 10%。但如果女性领导做出同样的行为，她们的能力评分则惨淡不堪——低于 14%。

这一结果不仅对承担大量任务的女性不公，还会严重影响公司的运作，如果员工认为自会有人做出行动，因而有所懈怠，那么整个团队就会懒散，公司也不可能发挥出最大的潜力。因此所有人合力为企业带来的价值不可低估。

2010 年 7 月，我被提升为哈佛商学院副教授还不到一个月，就要第一次教授行政教育课程。这个项目为期一周，学员是来自全球各行各业的领导。起初，面对近 90 位经验丰富的高管讲授如何有效沟通，我还有些紧张，但一周结束后，我对自己的表现感觉良好。

不久后，行政教育项目的负责人告诉我，他会把学生对课程的反馈发送给我，他提醒有一条评论可能会让我不爽。他希望我看到评论时一带而过，不要耿耿于怀。大约一小时后，我收到了邮件。总体评分不错，但应了这位负责人的提醒，一条评论赫然写着："吉诺教授应该少穿紧身衣，否则学生会被她的衣着所分心，而不是将注意力放在她的讲课内容上。"

我穿的是低胸紧身长裙吗？不，我穿的是一件保守的套装裤子。没错，裁剪是女士风格，但并不紧身，也不暴露。

几年后，我又教授了一次行政课程。这次我的经验更加丰富，肚子也更大——当时我怀孕 8 个月了。课程开始前，一位男性高管走到我身边说怀孕的女人容易疲惫，或许我应该让别的老师代课。我无言以对。“不过，祝你好运，”他用这句话打破了尴尬的沉默，“看看再说吧。”

课程开始后，我扫视了一圈，这些高管大多都是男性。我忍不住猜测他们是否在想：为什么代课的不是一位经验更丰富，身材更苗条的教授；而是一位很可能因为劳累而昏倒或者突然要分娩的女人。他们身体后倾，似乎在暗示着他们对我的课不感兴趣——他们似乎在怀疑我的教学能力。我的感觉正确吗？还是，自己只是因为那个学生的评论而心慌意乱？

诸如此类的瞬间多年来一直困扰着我。它们会在我准备行政教育课程，参加咨询会议或者进行实地培训授课时突然冒出来。它们让我好奇，我的学员基于我女性化的名字会对我有着怎样的期待；当我进入教室之后，他们会有什么设想。我课上的女性通常会谈论她们各自在公司中收到的反馈：对她们穿着的观察，对她们果断态度的批评，以及其他一些和她们实际工作毫无关系的评论。而男性同事大概不会收到类似的评论。

这种评价的影响总是在暗暗作祟。现在，假设你是一位女性（女性做起来肯定比男性容易！）。你走进会场，发现其他参会者都是男性。虽然别人还没开口，你就觉得自己在气势上稍逊一筹，于是在发言前犹豫不决。就在此时，一位男性突然开口，提出了议题。你试图据理力争，但你的声音出卖了你的紧张。在场的男性看出了你的心神不定，对你的担忧置之不理。这种态度让你有所动摇，陷入沉默。糟糕的是，你对议题非常熟悉。当你再次发言时，你感觉难以掌握发言权，无法陈述自己的想法。由于缺乏你的专业视角，导致最终的决策有失偏颇。

这种现象很普遍。在人数上缺乏优势时，女性会在发言时被频繁打断、劝说、叫停或者受到处罚。研究显示，男性在公司办公室、学校董事会、社区会议和政府会议中主导谈话和决策过程。事实上，权力越大的男性讲得越多，而女性则不是如此。同样，在工作中表现出愤怒的男性会得到更多的尊重和威信，但女性在工作中表现出愤怒就会被视为无能、斤斤计较，因而受到处罚。这些经验会影响女性的信心、心理期待和未来行为。例如，我在行政课程上收到的性别歧视言论让我对后来的教学感到紧张，在与高管互动时有所顾忌。

心理学家克劳德·斯蒂尔（Claude Steele）将这一现象称为“刻板印象威胁”（stereotype threat），或者由于害怕偏见而“因噎废食”以及表现不佳的倾向。人们刻板地认为女学生天生在数学和科学方面表现不佳。在一项研究中，研究者刻意在测试前强调了女性的性别，结果她们在测验中的得分低于具有相同能力的男性。研究发现，女性表现糟糕是因为她们对负面的刻板印象心怀芥蒂。然而，当女性的能力在测试前得到肯定，她们的表现则与男性相当。以非裔美国学生和拉美裔学生为对象的研究也得出了相似的结论：刻板印象认为他们的学术成就不如白人，当他们事先意识到人种问题时，他们确实会表现不佳。刻板印象也可能由视觉感知：研究发现女性在周围都是女性的考场中比在男女混合的考场中取得的数学成绩更高。

刻板印象威胁的后果不仅使我们在考试中表现不佳，还会让我们闭目塞听，不思进取，对工作缺乏热情，不能实现我们在领导、谈判、企业管理和竞技中的潜力。当然，这种后果不但会伤害那些感受到威胁的人们，还会影响他们所在的组织。这样就产生了恶性循环：当女性感受到刻板印象的威胁时，她们的心智能量将在她们努力推翻成见的时候承受巨大的负担，因而在完成手头任务的时候心智能量不足。结果，她们的压力增加，表现变差——从而在职场中占比不足，尤其是在领导岗位上缺少机会。我们每个人所处的集体都可能受到消极认知的影响，而我们也知道自己可能受到这种消极认知的评判。没有人能在面对刻板印象威胁时不受影响。

不过，还有一个好消息——期待可以影响结果。医学治疗中对安慰剂的使用已经证明了这点。在一项研究中，患者接受两天的吗啡静脉注射以缓解牙科治疗引起的疼痛。第 3 天，这些患者接受生理盐水注射，但被告知注射的是强效止痛药。那些接受安慰剂的患者在疼痛忍受方面的表现甚至超过那些接受吗啡注射的患者。

同样的现象还发生在医疗行业之外。以我自己为例，如果我知道自己将和一位潜在客户见面，和一位新同事讨论合作项目，或者要教授一门面向高管的课程时，我会对自己的表现有所期待。之后的互动也会相应地受到这种期待的影响：如果我认为自己可以做好，就会感觉舒服、兴致勃勃。结果，我不仅会表现得更好，而且还会收到更为积极的评价，被认为能力更强甚至更加睿智。

同样，我们对别人的行为也会有不同的期待。例如，当我查看行政课程的花名册时，我可能会给自己心理暗示，期待学生给出巧妙的回答，认为他们可以出色地完成极具挑战的练习。这种期待会让我在面对学生时，从验证积极期待的角度出发，从而采取不同的行为方式。

希腊神话故事《皮格马利翁》激发了很多关于期待效应的研究。古罗马诗人奥维德（Ovid）在《变形记》（*Metamorphoses*）中生动地讲述了这个故事。皮格马利翁是塞浦路斯一位天赋异禀的雕刻师，他对当地的妓女感到厌恶，从而对女性毫无兴趣。他醉心于自己的工作，耗费大量的时间用象牙雕刻出一个美丽女人的雕像，并给它起名加拉泰亚（Galatea）。

最终，当他完成雕刻，放下凿子时，他被自己所创造的这个女人所深深吸引。加拉泰亚是如此完美，让这位声称对女人不屑一顾的皮格马利翁深深坠入了爱河。他送给她珠串、贝壳、黄鹂、鲜花等各种礼物。他祈求爱神阿佛洛狄忒（Aphrodite）赐予加拉泰亚生命，而爱神也成全了他。不过，从某种意义上说，是他的期待赋予了雕像生命。

皮格马利翁的故事一直影响着后世。在萧伯纳1912年的戏剧《皮格马利翁》（1956年被改编为百老汇音乐剧，后来又被改编为电影《卖花女》）中，亨利·希金斯（Henry Higgins）教授努力将粗野的卖花女伊丽莎·杜利特尔（Eliza Doolittle）改造为一名优雅的年轻女士，并在这个过程中被她所吸引。心理学家将这种现象称为“皮格马利翁效应”，具体是指人们对另一个人的期待会变为自我应验的预言。1965年，加利福尼亚一所学校的学生进行了一项测试，当他们被告知这项测试可以确定“最有发展前途者”，即在学习过程中进步巨大的学生。研究者把那些“拥有巨大智力潜力”的小学生名单告诉了授课老师。尽管这些学生都是随机选出的，但在学年末的测试中他们比其他学生的进步更大。他们和其他同学之间唯一的显著差别就在于老师对他们的期待。

我发现自己在教学中经常受益于“皮格马利翁效应”。当我的同事——男性居多而且比我年长——向行政教育课程的学生介绍我时，他们会强调我获得过各种教学奖，或者我年纪轻轻就晋升为正教授。这些由权威人士给出的赞扬似乎改善了学生原本因刻板印象而保持的低期待。

我们可以推翻他人给我们设定的低预期。研究发现，在面对利益攸关的情境时，如果我们承认自己感到兴奋，而非仅仅告诫自己要冷静时，我们的焦虑感会降低，我们的表现也会有所改善。如果我们害怕负面反应，我们可以将眼前的任务视为学习和成长的机会，而非沉浸于个人的焦虑中。叛逆者懂得给予每个人高度期待——包括他们自己。

2010 年秋天，当我再次接到任务讲授行政教育课程——就是有学员说我“衣服太贴身”的那门课的时候，我刻意选择利用这种叛逆精神（而不是屈服于刻板印象威胁）。我接受了任务，但当我看到教学团队名单之后，还是感到紧张，其他导师都是清一色的男士，而且都拥有多年的教学和咨询经验。我是唯一的女教师，说话还带有奇怪的口音，而且明显比其他导师年轻（更别提我要面对的高管学员了）。不过，当我走向校园去上第一次课的时候，我决定将焦点放在这门课程带给我的学习机会上。我告诉自己，作为如此优秀的教学团队中的一员，我应该感到兴奋而非充满压力。结果，课程进展顺利，我最终成了该课程团队的固定成员。

在面临刻板印象威胁时，如果我们重新审视情况，把焦点放在机会而非潜在问题上，就会积极迎接那些我们原本想要逃避的挑战，从而收获个人成长。克服刻板印象威胁还有一个作用：一旦我们开始行动，我们的行为也会激励他人效仿。我们呈现的榜样和故事往往能对他人的看法产生强烈的影响。

1966 年 2 月，23 岁的罗伯塔·“鲍比”·吉布（Roberta “Bobbi” Gibb）打开邮箱，迫不及待地撕开波士顿体育协会发来的信件。她期待拿到自己在即将到来的波士顿马拉松中的参赛号码，然而她的比赛申请被拒，因为这场比赛不允许女性参加。按照信上的内容，女性“在生理上”不能参赛。吉布是一名终身跑步者，她为波士顿的这场比赛进行了两年的训练。马拉松比赛当天，吉布出现在起跑线上，她用运动衫的帽子遮住头，以掩饰性别。当同场竞技者发现她是一名女性后，给她送上鼓励，于是她掀起帽子。媒体报道了这一消息，观众开始寻找她的身影，为她加油。吉布在比赛中超越了三分之二的男性，在她到达终点时，马萨诸塞州的州长为她庆贺。1972 年，波士顿马拉松正式向女性开放比赛，这在很大程度上是受到了吉布的影响。

榜样的力量是伟大的。那些职场母亲的女儿在择业的时候会受到自己母亲的影响，即便传统观念认为在家照顾子女的女性比那些外出工作的女性更加忠诚。研究发现，由职业母亲抚养长大的女性比那些由全职主妇抚养大的女性更有可能在职场中承担管理职位，她们赚的钱也更多。例如，在美国，母亲工作的女性的收入比那些母亲当家庭妇女的女性的收入高 23%。对男性来讲，母亲的工作选择对他们的就业没有影响，但那些母亲有工作的男性在成年后更有可能承担家务和照顾子女。

几年前，哈佛商学院的课程设置严重依赖于案例研究，从而引发了对多样角色模型和现行课程设置关系的讨论。2014 年，案例研究的主体对象仅有 20% 是女性，案例研究在某种程度上暗示了谁应该承担领导角色。意识到这点之后，哈佛商学院的院长尼廷·诺里亚（Nitin Nohria）鼓励全体教师更多地以女性和少数群体作为案例研究的主体对象。

那些不畏前程受阻并勇敢地指出歧视现象的人，能够给社会带来强烈而深远的影响。记者罗南·法罗（Ronan Farrow）在《纽约客》（*New Yorker*）2017 年 10 月的一篇文章中指控好莱坞电影大亨哈维·温斯坦（Harvey Weinstein）性侵多名女性。之后的几周内，针对其他有权、有势、有名望的男士性骚扰和性虐待的指控相继出现。女演员阿莉莎·米兰诺（Alyssa Milano）推动女性在推特上通过 #MeToo 话题分享她们的故事，成千上万的女性对此做出响应；在最活跃的时候，这个话题标签一天被使用的次数超过 50 万次。最早在推特上发声的都是好莱坞的女性，不久之后，媒体行业、艺术圈、戏剧圈、政界——各行各业的女性也陆续参与进来。一旦少数女性勇敢地说出自己的故事后，其他女性也不再害怕了。

我们有大大小小改变人们态度的机会。在我怀二女儿艾玛

（Emma）那年，有时候会挺着大肚子在校园里跳爆竹。看到我这么做，有些路过的人会向我微笑。当有人询问我在干什么的时候，我告诉他们“我正在打破刻板印象”。

2009年，德意志银行的常务董事和多样化部门的全球主管艾琳·泰勒（Eileen Taylor）凝视着一堆令人眼花缭乱的内部数据。数据显示公司的女性常务董事正在流失。这个岗位承担着巨大压力，需要付出大量工作时间，所以表面上看，这些女性是因为生活和工作的平衡问题而离职。经过进一步研究，泰勒发现事情并非如此：她们离开是因为她们在其他地方得到了更好的职位——而且是在本公司获得晋升之后。泰勒意识到，如果德意志银行因为忽视有潜力员工的需求而造成人才流失，其问题绝对不容小觑。

那些为女性提供并增加领导岗位的公司都获得了巨大的利益，泰勒也希望德意志银行这么发展。马里兰大学的克里斯琴·迪兹索（Cristian Dezso）和哥伦比亚大学的戴维·罗斯（David Ross）研究了标普综合指数1 500的公司中行政管理团队的规模和性别组成。他们发现，在其他因素相同的情况下，女性领导平均可以为公司增加4 200万美元的价值。研究同时发现，一家注重创新的公司如果有女性担任高管职位，它的收益会更高。

瑞士信贷研究所（Credit Suisse Research Institute）的研究人员调查了2 360家公司在2005年至2011年间的数据后发现，如果一家企业有至少一位女性董事，则该企业的负债率较低，平均权益回报率较高，而且发展前景较好。性别多样化不仅仅是值得倡导的目标，而且还可以让商业底线这一概念更有意义。

女性劳动力的增加不仅对公司的财务状况有所帮助，还能给公司的各个层面带来积极影响，比如，提升员工提议的质量，促成有效决策。根据我的一项个人研究，性别多样化有助于搭建一个更加积极的工作环境，从而吸引并留住人才。如果应聘者得知一家公司拥有多样化的员工性别构成，他们会更想得到这份工作。

艾琳·泰勒采取了行动，她发起一项名为“有为高层领导发展战略”（Accomplished Top Leaders Advancement Strategy，简称ATLAS）的项目，让德意志银行的女性领导和该银行执行委员会的女性导师结对。根据一项针对白人和少数种族的职业研究，那些职业发展得顺风顺水的有色人种都有一个共同特点——在公司中拥有强大的赞助人和导师网络。若要在组织中不断晋升，建立发展性的关系至关重要——尤其是对女性和少数群体来说。当杜威内为《蔗糖女王》招募导演的时候，她尝试只招募女性导演。“我一直认为，如果《权力的游戏》（*Game of Thrones*）能三季都用男导演，我们为什么不能三季都用女导演？”杜威内在《好莱坞记者》（*Hollywood Reporter*）的一次访谈中提到。该剧第一季选用的导演都执导过一部电影节参展影片，但都没有机会执导电视剧。而在执导《蔗糖女王》之后，她们都收到了执导其他试播节目或者电视节目的邀请。

泰勒在德意志银行推动的这项倡议让女性领导者脱颖而出，将她们与强大的支持者连接起来。三分之一的项目参与者在公司中承担起更重要的角色，还有三分之一的项目参与者被认为有能力在岗位空缺时随时上任。2009 年 ATLAS 项目启动后，德意志银行女性常务董事的数量增加了 50%。

研究发现，不论是公司、国家、社区还是群体都受益于多样性。2009 年的一项报告以 506 家企业的数据为分析基础，发现那些性别多样化或者种族多样化的企业拥有更高的销售收入、更大的客户量及更高的利润。另一项研究发现，如果管理团队成员拥有各种各样的工作和教育背景，他们推出的产品会更具创意。一项对全球数据的分析显示，开放边境旅游和移民将有助于促进国家在商业、医药和艺术等方面的繁荣发展。

居住在地理形态丰富的地区以及加强同其他地区人们的沟通往来都会让人们受益于多样性。通过对通话记录的研究，人们发现不同地域间的沟通和社交网络的多样性与社区的经济繁荣息息相关。同样，相关数据显示，外来居民占比更高的美国城市在经济上更为稳定。在竞争性的贸易市场，种族多样性会鼓励关怀，消除偏见并提高决策的准确度，进而预防价格泡沫。

这些数据具有很大的相关性，说明多样化程度高与好的结果相关，但并不能因此判定多样性就是直接原因。不过，实验室研究发现了多样性与绩效表现之间的因果关系。鉴于实验室限制，这些研究仅以小群体作为研究对象，但研究明确显示：同质化的群体更可能受到狭隘思维和趋同思维的影响；相反，不论是在合作性情境还是竞争性情境，多样性都能带来创意和更好的决策，而且能够加强团队协作。

尽管多样性的优势显而易见，但结果却经常难以为继，因为同质化的团队让人觉得更有效。我们都想寻求舒适感和熟悉感，所以通常会选择与我们相似的人共事。2008 年，芝加哥西北大学对兄弟会和姐妹会成员进行了一项研究，这项研究充分反映了同质化群体中的这种舒适感和轻松感。这种群体关系让成员之间维持着类似于宗教或政治同盟般强烈的认同感，从而强化了成员之间的相似感，加深了他们与外部人士之间的疏离感。在上述实验中，研究者要求 132 名姐妹会成员和 68 位兄弟会成员参与解决一场虚构的谋杀谜案。每个参与者都佩戴着带颜色编码的名牌，上面写着他们所属团体的名字。参与者有 20 分钟的时间研究线索并从 3 个人中确定一个嫌疑人。接下来，每 3 个同兄弟会或者同姐妹会的成员组成一小组，每个小组共有 20 分钟的时间讨论谜题并给出答案。讨论开始 5 分钟后，第 4 位成员加入小组。这位新成员要么来自与当前组同一个团体，要么来自与当前组不同的团体。

在每个小组给出最终嫌疑人选后，研究者要求每个成员就各自小组的互动情况做出回答。那些有一位外来成员的小组认为组内的互动不够有效，他们对各自小组的最终选择也信心不足。这和我们的预期一致：背景相同的小组成员之间容易相互理解，合作起来也自如顺畅。而与外人相处容易产生歧义和摩擦，自然而然会呈现出效率低下的情况。不过，研究显示小组成员的主观感受和现实情况并不相符：增加一位外部成员反而让小组正确解决谋杀谜案的概率提升了两倍，即由 29% 提升到 60%。在多样性的群体中工作没那么自在，但结果却更好。

事实上，多样性之所以带来更好的结果，正是因为众口难调——这与我们的直觉恰恰相反。我们认为同质性和优异表现相关，部分原因是我们偏好易于处理的信息，心理学家称之为“流畅性启发”（fluency heuristic）。易于理解的信息似乎更加真实美好——这也解释了我们为什么会在熟悉一首歌或者一件艺术品之后才更欣赏它们。当我们面对自己不赞同的观点时，必然会觉得不舒服，认为分歧会让我们难以达成目标，还会耗费我们更长的时间——这种想法也是错的。有一句励志格言说得好——“一分耕耘一分收获”。群体协作也是如此。

公司可以削弱刻板印象的影响，但前提是老板做决策时必须深思熟虑。即便是看似无关紧要的决策（如在接待区放什么杂志）都能传递出公司对多样性的态度。女性和少数群体能否在公司中获得认同感取决于公司的实体环境、录用通知等许多暗示。例如，招聘文件中使用的语言会直接影响申请率。招聘广告中男性化的词汇（例如“争强好胜”“善于主导”等）都会降低这些工作对女性的吸引力，这倒不是因为她们担心自己没能力，而是因为她们认为自己并不符合这种描述。诸如此类的信号会释放出刻板印象，传递了公司对特定群体的态度。

除了改变工作环境中的细节，管理者还可以通过提升少数群体在公司中的比例来应对刻板印象，这样做不仅可以改善新人对多样性的看法，还有助于树立行为榜样——对思维刻板的人来说，这是成功的重要标志。

人们常常高估多样化群体所经历的冲突。在一项研究中，研究者让 MBA 学生想象自己在管理由实习生组成的多个 4 人小组，并假设其中每个组都提出需要更多资源。研究者向参与者展示了小组成员的照片——要么是 4 个白人，要么是 4 个黑人，或者是一半白人、一半黑人。之后，参与者拿到一份小组讨论的文本，并需要从不同方面为各个小组打分。每个参与者读到的文本都相同，但参与者认为完全由白人和黑人组成的小组所体会到的冲突程度相同，而在多样化的小组会体会更多的冲突。由于参与者认为混合种族的小组会遇到更大的冲突，所以不太可能为他们提供额外的资源。

如果在招聘、构建团队或者促成合作时遇到多样化的情形，这种观念会让领导者决策不当；如果害怕矛盾，他们就会在面对多样性选择时有所迟疑。叛逆者知道冲突会带来成长，分歧是一种现象，而不是缺陷。

2014 年 6 月，圣安东尼奥马刺队获得了他们的第 5 次 NBA 冠军。这支队伍通常被称为“球场联合国”，队伍中年龄最大的球员蒂姆·邓肯（Tim Duncan）38 岁，他为马刺队效力的时间和队里最年轻球员的年龄一样。其他球员则来自世界各地，包括英国、法国、阿根廷、加拿大、意大利、巴西和澳大利亚。实际上，超过一半的球员来自美国之外的地区，这让马刺队球员的背景比联盟中其他球队的背景更为多样。马刺队还是第一支拥有女性助理教练［贝姬·哈蒙（Becky Hammon）］的 NBA 球队。

马刺队的成功显然离不开优秀的主教练格雷格·波波维奇（Gregg Popovich）和队伍中的顶级球员，但球队的多样文化也起了作用。波波维奇的父亲是塞尔维亚人，母亲是克罗地亚人。波波维奇努力了解球员的背景并试着用他们的母语和他们对话。球员平时主要说英语，以确保每个人都有参与感，不过国际球员偶尔也会在球场换个玩法，这样既可以增进球员之间的友谊，又能发挥战术优势。队里的两位法国球员托尼·帕克（Tony Parker）和鲍里斯·迪奥（Boris Diaw）会根据需要在场上用母语快速交流。澳大利亚球员帕蒂·米尔斯（Patty Mills）和阿伦·贝恩斯（Aron Baynes）经常用方言交谈。在团队协作方面，多样性鼓励所有球员寻找新信息，并促使他们深入准确地处理信息。这让球队能更好地做决策和解决问题。

仅仅置身于多样化的环境就能改变我们的思维方式。在 2006 年的一项研究中，伊利诺伊大学的本科生被分到同性别的 3 人小组中破解一场谋杀谜案，成员需要共享信息才能成功解决这个问题。有的小组只有白人成员，有的小组有两位白人成员和一位非白人成员（亚裔、非裔或者拉美裔）。所有小组成员都掌握了谜案的基本信息，但每个人还掌握了一些别人不知道的关键性线索。若要成功地找出谋杀犯，成员需要在讨论中分享所有的信息。结果，多样化的小组表现得更成功。这一结果表明，成员之间的相似性会让我们认为大家都握有相同的信息，从而导致小组成员的投入度不足。

信念和个人偏好的不同也会带来好处。一项研究招募了 186 名参与者，他们要么是民主党派（Democrats），要么是共和党派（Republican），他们共同解决上文提到的谋杀案，并确定谁是嫌疑人。之后，每个参与者都需要写一份推测嫌疑人的综述，以便和其他小组成员进行交流。参与者被告知他们的伙伴和他们的意见不同，他们需要说服伙伴。同时，一半参与者被告知他们的伙伴支持对立政党，而另一半则被告知他们的伙伴和他们支持同一个政党。结果显示，民主党派的参与者在为和同党派的伙伴会面做准备时较为放松，而在为和共和党派的伙伴会面时则准备得更加充分。总的来说，如果参与者预期会加入种族或政党构成更为多样的小组时，他们的准备会更加充分。

不论是破解谋杀谜案，是想出方案解决复杂问题，是打入新市场、开发新产品，抑或是改善工作流程，多样性都能建设性地挑战我们的思维。在准备和多样性群体互动的过程中，我们就投入了更多的创意，从而进行更加深入的思考，因为多样性激励着我们从不同的视角思考问题。多样化小组在决策过程中可能会感到吃力，但他们通常要比成员背景较为单一的小组取得更好的结果。

领导注重公司发展的多样性将带来积极而广泛的影响。不过，要在组织中提升多样性，领导者必须能够抵抗那些让员工故步自封的态度和做法。叛逆者关注如何利用差异来促进公司发展。他们意识到：提升多样性的倡议经常夭折的原因是人们将差异视为问题而非机会。叛逆者明白，若要有效利用差异，公司在运营中必须超越种族和性别。在叛逆者看来，所有差异都有意义。我们不应该把多样性当成配额制，而要把它定位于公司发展的长远目标。

当杜威内开启她的新事业时，她曾苦苦思索如何进入电影制作行业。她找人帮助，寻求建议和支持，希望他们告诉自己如何才能成功。但她最终发现，自己这么做就像是穿了一件“绝望的外衣”，她应该制作自己的电影，依靠自己的经费表达自己的想法。她告诉

《时代》杂志，“我认为一些女性已经接近玻璃顶并敲开了裂痕，不过，那些为自己树立标杆的人给了我更大的启发”。女性和少数群体在追随自己梦想的时候，也改变了她们所在的组织，成为激励他人的榜样。像杜威内这样的叛逆者无视别人有意或无意间设下的障碍，充分激发个人潜力，为自己设立标杆。

第六章

奇克斯教练唱国歌

真实之才

没有人能够长时间内在人前装出一副面孔，而在人后装出另一副面孔，那样必然会让自己迷惑哪副面孔是真实的。

——纳撒尼尔·霍桑

2003年4月25日晚，两万名球迷怀着期待的心情进入位于俄勒冈州波特兰市的玫瑰花园竞技场，波特兰开拓者队（Portland Trail Blazers）和达拉斯小牛队（Dallas Mavericks）将在这座斥资2.67亿美元建成的体育场展开NBA西部季后赛第一轮的第三场比赛。开拓者在波特兰和小牛队有过15战13胜的战绩，但小牛队在七场四胜制中已2∶0领先。前两场比赛在达拉斯进行，现在开拓者队回到主场。

开始全场气氛沸腾，渐渐嘈杂的人群安静下来等待唱国歌。13岁的娜塔莉·吉尔伯特（Natalie Gilbert）——开拓者队“找到星感觉”宣传活动获胜者将领唱国歌。她当天有些感冒，但这位未来的百老汇明星知道演出必须继续。她站在一面巨大的美国国旗前，身穿黑白条相间的礼服，脖子上的莱茵石项链闪闪发光，金色的头发在头顶绾起一个髻。面对上万名狂热球迷和上千万电视观众，她环顾球场一周，举起话筒，开始用柔和的低音唱起来：

“啊，你可看见……”

起初，吉尔伯特展现出专业的风范，但唱到第二句时出现了口误，将“黎明（twilight）”唱成了“星光（starlight）”。她突然停了下来，紧张地笑出来，然后左右晃动脑袋，似乎试图甩掉错误，但覆水难收。她举起右手，羞愧得用话筒挡住脸。音乐还在继续，但吉尔伯特摇着头，崩溃得快要哭出来。人群的鼓励此时也徒劳无功：她已经情绪失控。无奈中，她先看向右边，又转过身看看身后，想要寻找她的父亲文斯，但没有找到。她孤零零地站在那里，在那饱受煎熬的几秒钟内，她的梦想变成了噩梦。

长凳边身穿灰色西装，系着领带的人是开拓者队的主教练莫里斯·奇克斯（Maurice Cheeks），他心系比赛——这是他执教生涯中最重要的比赛之一。只见他迈开大步，快速走向吉尔伯特。这位46岁的教练轻轻把手放在女孩肩上，帮她举起了话筒，开始在吉尔伯特身边唱起了国歌。女孩不再孤单，重拾信心。奇克斯示意全场，指挥两万人一同合唱，球员、教练和球迷的声音在歌曲结尾处融为一体。

那天晚上开拓者队输了比赛——尽管他们经过苦战赢了之后的三场比赛，打平了对手，但在第七局比赛中落败。不过，相比那些艰难的胜利和惨败，奇克斯救场的瞬间更让人难忘。政府官员们赞扬他就是“仁慈的撒马利亚人”，吉尔伯特称他为自己的“守护天使”。

“我没想过事情就这么发生了，”奇克斯告诉《纽约时报》，“我只是看到了一位陷入麻烦的小女孩，上去帮了她一把。我是两个孩子的父亲。我也希望有人能在他们遇到困难时伸出援手。”

2005 年，美国在线时代华纳公司（AOL Time Warner）的执行副总裁帕特里夏·菲力－克鲁希尔（Patricia Fili-Krushel）打算进行一次重要的全员讲话。几个月以来，她一直忙于在公司引进弹性工时制的计划。她认为越来越多的人重视工作的灵活性，因此担心公司会因缺乏弹性工时制而在人才争夺战中落败。然而，想引起同事们对此事的重视却困难重重，因为很多人担心弹性工时制会被滥用。因此，菲力－克鲁希尔决定在约 5 000 人的团队中开展弹性工时试点。她将向员工解释试点计划，她希望尽可能把这个项目做起来。

那年，菲力－克鲁希尔十几岁的女儿受到病痛折磨，经过深思熟虑她打算为女儿请个治疗师，并且已经获准夏季在家办公以便有更多时间陪伴女儿。“要向员工提这件事吗？”她自言自语。提的话，会有风险——员工可能因为她女儿的问题对她有看法，认为她太过重视自己的事业而忽视了女儿。

菲力－克鲁希尔登台向员工简述了弹性工时制的重要性。她提到，弹性工时不会影响大家进步。深吸一口气后，她继续说道，她会成为计划的首个实践者，因为女儿需要她，虽然这不是她支持这个计划的理由。她说道：“我们都是普通人，世事无常。”随后，她的弹性工时试点获得了成功，并在公司内部得到推广，在人才招聘和人员保持方面起到了重要作用。菲力－克鲁希尔消除了之前的顾虑，因为她强烈地感觉到自己的坦诚引起了员工的共鸣。

由于顾虑别人的言论，人们在展现弱点前都会犹豫，但这种顾虑往往是多余的。坦诚能赢得信任，而坦诚弱点则更能赢得信任，不论是莫里斯·奇克斯的五音不全还是菲力－克鲁希尔坦诚家事的例子都是如此。袒露内心深处的情感需要勇气，这种勇气会让人钦佩，并引发周围人的效仿，继而让我们产生共情。叛逆者对此了然于心，因此他们更愿意在别人面前坦诚自己。

分享个人信息对于建立和维系关系至关重要。分享个人信息的时候，同伴会更加信任和喜欢我们，感觉和我们更亲近。此外，坦诚让人们更真实。在一项研究里，我和同事把大学生邀请到实验室，然后让他们配对进行网聊，结果表明，那些坦诚缺点的参与者从对方获取的反馈更加积极。接下来，在一个需要信任的游戏中，坦诚自己缺点的参与者比那些拘谨慎重的参与者表现得更好。明星也会因为意外的滑倒而获得好感。2013 年，珍妮佛·劳伦斯（Jennifer Lawrence）凭借电影《乌云背后的幸福线》（*Silver Linings Playbook*）获封奥斯卡影后，身着粉红色礼服的她在登台时摔倒了。她一脸尴尬，但台下观众纷纷起身为她长时间鼓掌。“你们站起来是因为不忍心看我摔倒吧，”发表获奖感言时她开玩笑说道，“太糗了。”

心理学家埃利奥特·阿伦森（Elliot Aronson）提出了“失态效应”。阿伦森在一项试验中付费给一位演员让其扮演益智节目的选手，然后让学生听录音中这位演员回答出一系列高难度问题并几乎全部答对，然后他向学生描述了自己成功的学业生涯。一些学生听到的录音内容到此为止。另外一些学生则继续听录音，并能听到演员打翻咖啡洒了一身的声音。听到演员打翻咖啡的学生认为这个人更讨喜。我们觉得难以和能力出色的人融洽相处，却对有缺点的人产生好感——因为我们知道自己也不完美。心理学家乔安妮·西尔韦斯特（Joanne Silvester）发现老板更喜欢在面试过程中承认过错的求职者而非掩盖错误的求职者，因为承认错误会给别人留下深刻的印象。

2015 年 5 月，我听了财捷集团联合创始人斯科特·库克在母校哈佛商学院为 MBA 毕业生做的毕业演讲后对此深有体会。库克一直追随着知名商界领袖的脚步，例如脸书首席运营官谢里尔·桑德伯格。时任财捷集团执行委员会主席的库克，1976 年毕业于哈佛商学院并获得 MBA 学位。他先是在宝洁（Proctor & Gamble）公司担任品牌经理，随后供职于战略咨询公司贝恩（Bain），从事银行与技术业务。几年后，他和妻子西涅（Signe）在软件业的巅峰时期搬到硅谷，当时他才 20 岁出头。一天，两人坐在餐桌旁，库克看到妻子一张一张地开支票。他开始思考一种更为简便的付款方式。为何不开发一款软件来处理家庭财务呢？这个问题促成了财捷集团的成立和许多主流财务软件产品的开发，例如 TurboTax、Quicken、QuickBook 和 Mint。1983 年，财捷公司从零起步，如今已经发展成市值达 50 亿美元的大集团，拥有 8 000 多名员工。

经过两年的课程学习、集体项目和实习（当然，后期也有很多派对），2015 届 MBA 班的 908 名同学等待着接受他们期待已久的学位。在暖阳和蓝天下，他们和家人、朋友坐在哈佛商学院的贝克草坪上，准备迎来一场鼓舞人心的演讲——激励他们只要努力，一切皆有可能。但出乎他们意料的是，库克讲起了自己的失败经历。

“我感到自己在拖公司的后腿，”他说，“我深知自己必须承担很多责任，但我对此既不喜欢也不擅长。”库克回忆说，他第一次意识到自己不能胜任首席执行官的时候，财捷集团正如日中天——首次公开募股成功后，集团作为行业领军企业挺进英国市场。然而，位于最高管理层的他却担心自己力不从心，因为他不懂得如何掌控全局，如何应对迫切问题。最终，库克决定辞职。他对大家说，他应该早点儿下这个决心，因为他没能成为一个领导者，让公司失望了。

在担任 CEO 期间，库克是公司里唯一一个不用接受绩效考核的人，但他找到高管教练给自己做了全面考核，结果不尽如人意。他毫不遮掩，把考核结果分享给了员工。库克在演讲中说：“我走到同事跟前说，‘这是我的考核结果，我要改掉这些问题，请你帮助我’。”以他在公司的职位，能够承认不足，甚至向下属寻求意见，这种情况实属罕见。演讲结束后，掌声经久不息，同学们把库克团团围住，想让他接着讲——这就是真实的力量。

在最近的一项研究中，来自哈佛的研究人员发现，如果创业者在商业创意比赛的简短发言中坦诚弱点，效果会更好。这项研究关注了一场真实的商业创意比赛。创业者发言结束后，投资人对他们做出评估，最终的优胜者将获得投资。在创业者们完成发言后，但结果还未揭晓前，研究者要求他们听一段“竞争对手”的商业创意录音并对其进行评价。一些人听到的录音中创业者只对过往的成就夸夸其谈。例如，一位创业者称："我已经搞定了谷歌、通用电气这些大客户且成绩斐然。去年，我靠一己之力让市场份额翻了三倍。"另一些人听到的前面的录音内容相同，但是讲话者最后聊起了自己的失败经历："我并非一直这么成功，而是经历了很多失败才走到现在。刚开始创业时，我没能说服潜在客户相信我和我们的产品，所以被很多人拒绝过。"听创业者讲述种种失败经历，而不是光听他们讲述成功经历，这让听众投入各自创业项目的干劲儿更足了。

在课堂上讨论失败经历对学生来说也是一种鼓励，研究表明这样做可以提高学生的成绩。例如，当我们学习天才爱因斯坦的时候，有必要提出某些细节：爱因斯坦小时候目睹父亲艰难养家，为找工作三番五次搬家。对他来说，转校是件头疼的事。因为在这个过程中，他总觉得自己没有归属感，还得努力赶上学习进度。成功并不是激励他人的唯一方式，有时候，激励他人的恰恰是失败。

研究者要求一所高中大约400名高一、高二学生阅读爱因斯坦、居里夫人和迈克尔·法拉第的故事，这些学生均来自低收入家庭，大多数不是白人。他们所阅读的每个故事都有主题，大约800字。"成功科学家的故事"这一主题主要是关于取得重大成就的科学家们，他们要么获得了诺贝尔奖，要么发表过顶尖论文，要么开拓了新的研究领域。"不畏失败，永不放弃"这一主题主要是关于那些在学业和职业领域艰难挣扎的故事，包括失败的实验。"克服生命中的挑战"讲述了个人痛苦经历，例如，如何应对贫穷和歧视。学生读完故事的6周后，研究人员向授课老师询问了学生在科学课上的表现。结果，读过“不畏失败，永不放弃”这个主题的学生比那些阅读成功故事的学生分数高。这种现象在一开始成绩不好的学生中尤为明显，表明那些起步有困难的学生可能是这类故事的最大获益者。那些克服困难的科学家则是学生们的榜样。

另一项研究发现，当新手消防员了解到经验丰富的消防员也曾经有过失误，他们会在岗位培训任务中表现得更好。我和同事调查了 71 位外科医生，他们在 10 年期间做了 6 500 多台心脏手术。研究发现，相比成功的手术案例，他们从他人失败的手术中学到的东西更多，这种间接的体验式学习降低了病人的死亡率。

2016 年初，在个人网站上传了一份修改版的个人简历之后，普林斯顿大学的约翰内斯 · 豪斯霍费尔（Johannes Haushofer）教授成了失败英雄的典型。在简历里，他罗列了很多职位和奖项申请的失败经历。《华盛顿邮报》（*Washington Post*）对他进行了采访，询问他修改简历的原因，他说：“我的很多次尝试都失败了，但大家并不知道这些，他们只看到了我的成功。这会让人觉得我能做成任何事。结果，他们可能把失败归因于自己。但事实是，情况千变万化，有些事取决于运气，遴选委员会和裁判也曾有艰难的日子。”

我们总是想方设法隐藏自己的性格、情感、恐惧和缺点，但坦诚弱点可以让我们和他人产生共情。当莫里斯 · 奇克斯陪伴吉尔伯特一起唱国歌的时候，他的歌声绝对比不上歌手的水平。但谁会在意呢？观众之所以会加入大合唱，就是因为奇克斯激发了大家的共情。我们担心展现真实自我会被拒绝。为拉近距离，我们尽量表现得完美、坚强、智慧、优雅，殊不知这样常常会适得其反。

2001 年，我初次到美国时，在波士顿和两个美国人合租了一套公寓。他们比我大不了几岁，他们已经在那里合租两年了。我搬进去的那天，他们邀请我共进晚餐。其中一人对我说："我们觉得应该随意一些，就点了中餐外卖。周日我们经常这么吃。"

"没问题，"我说，"中餐很棒呢！"其实，中餐并不是我的最爱，但被邀请一起用餐我很开心，所以就什么也没提。从此，每周日的中餐外卖就成了公寓的传统，我简直吃怕了。有件事至今我还记忆犹新。那天晚上，除了几个必点菜，室友又加了道麻辣鸡爪。室友说："鸡爪上肉少，不过骨头上的跟腱也能吃。"我提不起筷子，什么也不想吃。最后，室友给我夹了菜。我来回拨弄着饭菜，只吃了一小口，嚼也不嚼就咽了，心想，这样下去不行啊！

可能有人会认为，装装样子也无妨，更不要说是吃晚饭这种鸡毛蒜皮的小事。但事实并非如此——我们的自尊、工作表现和人际关系都会因伪装而受到影响。小分歧会越来越严重，我们犹豫不决，健康也会受影响。人们越掩饰，压力越大，心情也越差，就越容易疲惫不堪。想一下你在个人生活或职业生涯中感到违背内心的一个时刻。在一项研究里，我和同事让一组参与者描述这一时刻，要求另外一组描述上一次比较中立的体验，即去杂货店的经历。结果，描述第一种情形的参与者感到更焦虑，也更有负罪感——他们想做真实的自己。

自我伪装还有其他较为隐蔽的坏处。我常在公司中看到不懂装懂的人。比如，开会的时候，经验丰富的老员工会用些隐晦的缩写，新员工们频频点头表示理解，其实他们这么做并不是真的懂了，而是为了给管理者留下好印象。但有趣的是，如果收到的赞扬并不真诚，人的自尊心会受损。在一项研究中，一组大学生先是填写了关于自尊心的调查问卷，然后被分为两组进行考试：第一组学生必须装作认识实际上并不存在的单词（例如“besionary”）才能进行考试，第二组学生则正常进行考试。考试结束后，研究者对两组学生的表现都给予了肯定，之后又要求他们回答一些和自尊相关的问题。结果发现，前者感觉自尊心弱化，后者感觉自尊心增强。

自我伪装也会让找工作受阻。博科尼大学（Bocconi University）的西莉亚·摩尔（Celia Moore）和同事在研究中发现，92% 的求职者在面试中造假。这种行为造成的后果是，那些对缺点避而不谈以及那些掩饰性格的人很可能被拒绝。安妮·海瑟薇在电影《穿普拉达的女魔头》（*The Devil Wears Prada*）中饰演的角色就表现得很好，她承认自己既不苗条也不漂亮，对时尚也不感兴趣，但最终获得了在顶级时尚杂志工作的机会。

如果你要为创业项目集资，最好做到真实坦诚。在一项实地调查中，我和同事查看了 166 名参加商业创意比赛的创业者数据。三名评委都是经验丰富的个人投资者，都热衷于资助创业公司；每次演说后他们都会在评分卡上打分。比赛临近结束时，他们经过商议最终选出 10 位半决赛选手入围决赛。为弄清楚创业者们在演说中的表现是否真实，我们随后要求他们分别回答了以下两个问题：“就你刚才所做的创业演说，你觉得自己有多可信？”和“就你刚才进行的创业演说，你觉得自己有多真诚？”我们发现，当选手的回答真实坦诚，而不是仅仅说出评委期待的理想答案时，他们的得分更高，最后胜出的概率也多三成。

我的一项研究说明自我伪装会影响动机。这项研究会让所有波士顿红袜队（Boston Red Sox）的粉丝胆战心惊。我和西北大学的同事玛利亚姆·柯查基（Maryam Kouchaki）招募了一批红袜队的粉丝，让其中一半人戴上红袜队腕带，另一半人戴上纽约洋基队（New York Yankees）腕带。然后，我们让所有人把戴着腕带的手放进冰桶，看谁坚持的时间长。坚持越久，报酬越高。伪装的身份影响了戴洋基队腕带的人，他们坚持的时间较短。

自我伪装也会带来"社交疼痛"（social pain）——被排斥或拒绝时的不适感。在另一项研究里，我和柯查基要求参与者先回忆一段自己表现真诚或者做作的经历。随后，我们让参与者玩一款名为赛博球（Cyberball）的三人电脑游戏。游戏中，参与者与两名虚拟玩家相互抛球。开始的时候，三名玩家相互抛球给对方。突然间，两名虚拟玩家开始彼此玩耍，排斥参与者。这时，那些起初回忆真诚经历的参与者所承受的身心压力要小得多。坦诚给了我们应对负面情绪的勇气、力量和信心。

真实坦诚让人与人之间的相处更加容易。人们看得出虚情假意，实际上，人的身体也会感受到那种不真实。当一个人隐藏自己的感受时，跟他沟通的人血压会升高。这种生理反应解释了为什么和"装模作样"的人相处会让人感觉不适。

这种不适感如此强烈，以致比起直接吹嘘，人们更讨厌那种假意抱怨、实则伺机吹嘘自己运气好或者有才华的"谦虚式自夸"。好比说，一个朋友不停地抱怨自己在申请研究生时的糟糕表现，却录取通知书收到手软。我的研究显示，比起赤裸裸的炫耀，人们更厌恶谦虚式的自夸。然而，后者在生活中却愈演愈盛。我们既认为吹嘘不礼貌，也认为不应该向他人坦言自己的困难，因为怕被拒绝和被评价——最终结局却往往如此。

1995 年，博图拉在开办弗朗西斯卡纳餐厅时遭遇了来自意大利传统派的巨大阻力。“他们不仅仅是阻挠，”博图拉对我说，“甚至是直接和我们作对。他们想看我们关门大吉，因为怕我违背了他们的传统。”刚开始那几年，餐厅勉强维持运转。博图拉的坚持得益于 2000 年夏天他在当时的世界顶级餐厅斗牛犬餐厅（El Bulli）工作的一段经历。斗牛犬餐厅的主厨斐朗·阿德里亚（Ferran Adriá）告诉博图拉要忠于自己的内心。“我茅塞顿开，意识到餐厅的经营不只关乎厨艺，”博图拉说，“改变我的是斐朗传递的自由信念，那种感受内心激情、审视自己、把想法变成美味的自由。”他接着说：“人们都认为斐朗是厨艺大神，在我看来，他的核心是自由。他让我们自由地表现自己而不必拘泥于形式。”

自由包括表现真我。即便假装开心也会带来负面影响，发出这样的感慨是因为最近我参观了位于伦敦的维多利亚和阿尔伯特博物馆（Victoria and Albert Museum）。它拥有 450 万件馆藏，是世界上装饰艺术设计品数量最多的博物馆。其中，赫拉克利特（Heraclitus）和德谟克利特（Democritus）两位希腊哲学家的塑像吸引了我，他们被称为“哭泣哲学家”和“微笑的哲学家”。赫拉克利特看起来悲伤忧郁，而德谟克利特欢快的神情则让我也不禁微笑起来。许多研究证明，人们喜欢那些看起来快乐的人。一项关于速配的研究发现，表现积极的参与者能调动他人的热情，被认为是可以进一步接触的对象。我们不可能像德谟克利特那样永远开心，但假装开心也不是明智的选择。很多研究发现，不论是学生还是职场人，伪装情绪都会对身心健康造成影响，产生失眠、头痛和胸痛等不良后果。当然，对一些人来说，工作时必须保持微笑。如在登机或乘公交的时候，我们期待乘务员和司机笑脸相迎，可问题是，有时候他们并不开心。

在一项为期两周的调查中，研究者对美国西北部一家公司的78名公交车司机进行了为期两周的跟踪调查研究，研究他们在上班前、换岗后和睡觉前这段时间里的状态，包括他们的睡眠质量、在工作期间和下班后的心情，以及当天是否“戴着面具”上班。结果发现，情绪伪装会导致失眠、焦虑和痛苦，还可能增加家庭矛盾。相比之下，那些在工作中做自己——不强颜微笑或是发自内心微笑的司机的睡眠质量要好得多。

压力对医护工作者来说是家常便饭，但研究表明，如果他们能够在工作环境中自由表达真情实感，这种压力就会减轻。宾夕法尼亚州立大学（Penn State）的心理学家艾丽西亚·格兰迪（Alicia Grandey）和她的同事在澳洲一家大型医院的不同科室进行了一项调查。其中一项数据关于医疗团队的成员在无须面对病人或者公众的情况下可以在多大程度上表达真实情感。这项调查的目的是了解某个团队表达真实情感的氛围。一旦有了这种氛围，成员就能更好地应对各种复杂情况，比如病人和家属的不当言行。事实上，一个能够表达真实情感的氛围能让团队成员情绪饱满，远离情绪伪装的伤害。

弗朗西斯卡纳餐厅的一个工作原则就是做自己。博图拉每周都会让团队成员做一道自己家乡的菜品分享给大家。在这个过程中，厨师们讲述自己的故事，同时展现了对同一种食材的不同做法。一天早晨，员工们在擦洗盘子和餐具的时候，一位艺术史专业的实习生分享了自己的一些绘画作品的图片，并详细描述了作品中一笔一画背后的意境。这是因为博图拉一直鼓励他在工作中做自己，找机会展现自己。博图拉对餐厅的每个员工都这样要求。他认为，不论在厨房里还是在餐桌前，如果每个员工都找到了自己的特色，餐厅的菜品就会更加精致可口。2001 年的时候，一位从罗马去往米兰的知名意大利美食评论家在路上遇到堵车，顺便去弗朗西斯卡纳餐厅吃了顿饭，并在评论中对其大加赞扬。不到一年后，餐厅就得到了米其林一星评级，而这只是开始。

有一个有趣的现象，大多数大企业在管理员工时，都是从他们的劣势出发，比如，业绩考核就关注员工的不足。当理想目标和实际表现之间的差异被确定后，反馈信息随之而来。员工通过反馈了解自己的失败之处，然后开始思索如何改进。反馈有时也会提及一些优点，但没人能逃得过负面偏见（negativity bias），因为负面的信息、情感、想法和经历往往给人留下更为持久的印象。当我们给他人反馈时，我们通常关注业绩考核中的问题，而不是把心思放在鼓励或者表扬的措辞上。

即便是在工作之外，当我们思考自我提升时，也是从自己的缺点出发。想想新年计划中经常出现那些目标：“身体健康”“减肥瘦身”“开源节流”“做事条理”。这些目标传递出一种消极的工作总结：“你就是没做到。”海德堡大学（Universität Heidelberg）的心理学家安德烈亚斯·斯泰默（Andreas Steimer）和ISPA大学研究所（ISPA Instituto Universitário）的安德烈·马塔（Andre Mata）做了一项研究，揭示了人们关注缺点、忽略优势的主要原因。参与者要列出一个他们特别喜欢的性格特征（优点）以及一个非常讨厌的性格特征（缺点）。接下来，他们回答了一些问题，旨在确定他们对这些性格的看法是否稳定。结果显示，人们普遍认为他们的缺点比优点更容易被改变。

事实上，我们在自己擅长的领域提升得更快。对自我效能的研究发现：如果我们对结果充满信心，就会更加主动地进行自我提升；当我们关注于自己的优点而非缺点时，就会更相信努力的意义。关注优点还能让我们保持真实，并且发挥真我的价值。在专业运动员的训练中，教练或许会帮助他们改进“弱势”，但更主要的是帮他们拓展潜力巨大的领域。

几十年前进行的一项研究无意中证实了这一点。20世纪50年代，内布拉斯加学校研究委员会（Nebraska School Study Council）委托进行了一项全州范围内的研究，其中包括一项测试，用于检验一个教10年级学生快速阅读的方法。在学习这个方法之前，学生的平均阅读速度是每分钟90个单词，学了这个方法后，他们的速度提升至每分钟150个单词。不过，有一群学生的进步最大——那些原本就表现良好的学生。在接受训练之前，这些超级阅读者的速度是每分钟 300 个单词，在训练后，他们每分钟可以阅读 2 900 个单词。那些人类发展中的重大进步可能就是因为人们在天生擅长的领域中投入了巨大努力。

2013 年，德勤（Deloitte）公司决定取消绩效管理体系。作为"四大"会计师事务所之一以及全球最大的专业服务网络，德勤的年收入超过 350 亿美元，拥有 24.4 万员工。公司原有的绩效管理流程在许多方面都已经固化。一般是管理者为每个员工设定目标，然后评估这些目标的达成情况。这些评估将成为年度评定的依据，顾问将代表员工在"共识会议"中讨论他们与其他同事相比的表现情况。评定内容包括预先设定的不同方面，而评定结果则需要符合强制分布法。这将决定员工的薪资调整。

德勤公司领导担心这种考核方式不利于公司培养优秀员工和领导者。而且，绩效评估周期——包括填表、开会、评分，每年占用大约 180 个小时。其中的大部分时间似乎都浪费在了讨论评分上，而没有用于和员工探讨如何提升绩效和发展潜能上。德勤将这一体系替换为一个旨在助力员工长远发展的新体系。同为绩效评估，但新体系更加合理高效，更看重教练模式、即时反馈和生涯指导。这三者都注重员工的优势，而非缺点。每个员工都将配有一个教练帮助他们发现、运用优势，剖析并反馈信息。

2014 年，德勤启动了一个小型试点来测试这一新体系。600 位美国员工参与其中。由于新体系大获成功，公司又进行了 700 人的更大样本的尝试。两次试验的数据显示：员工的表现提升，对公司的投入度增加，而且在工作中更积极。员工参与新体系的时间越长，这一趋势越显著。数据还发现，一项绩效指标尤为突出——发挥优势指标。截至 2017 年年末，大约 8.5 万名德勤员工在这项新体系的指导下开展工作。

盖洛普进行了一项关于团队绩效的多年研究，共有 192 家企业，5 万个小组的 140 万名员工参与其中。研究中，高绩效小组和低绩效小组要对关于目标、薪酬和机会的陈述进行判断。有些陈述解释了两类小组之间的主要差异，其中最显著的一条是对员工运用个人优势的评价："在工作中，我每天都有机会做自己擅长的事情。"选择"非常赞同"这一说法的成员所在的小组的生产效率要高出其他小组 38%，同时，它们享有低员工流动率的可能性高出其他小组 50%，享受高客户满意度的可能性要高出其他小组 44%。

不过，像德勤这样自我反省的公司凤毛麟角。随着企业的发展，它们经常会遗忘企业成功的根本——它们的员工。我对参加 HBS 行政教育课程的约 280 名学生做了一项调查，发现越是大公司，越不可能把投资员工作为重点目标。我们很容易忘掉已有的人才，尤其是当公司不断发展，要求上层领导共同进步的时候。公司会把焦点放到对其他市场、产品或服务，以及对新技术和设备的投资上。从而忽略了对员工的潜在投资，因此浪费了大把的机会。

根据盖洛普的研究，每天运用个人优势的员工对工作满意度比其他员工高出 6 倍，他们在工作中较少感觉到压力和焦虑。企业领导力协会（Corporate Leadership Council）的研究发现，当管理者关注员工的弱势，他们的业绩会降低 27%，而注重员工的优势可以将业绩提升 36%。盖洛普也得出了类似的数据，当老板关注员工的优势时，员工和老板的关系更加和睦，而且员工也更有可能在工作中取得进步并热情积极。当优势被关注时，员工不再担心别人对他们的要求，而是将焦点放在如何成为最好的自己。

知道自己的优势能够带给我们难以置信的力量。我们终日忙碌，却不经常自我反省或者花时间发现自己的优势。我和密歇根大学（University of Michigan）的朱莉娅·李（Julia Lee）、伦敦商学院（London Business School）的丹·凯布尔（Dan Cable）以及北卡罗来纳大学教堂山分校的布拉德·斯塔茨进行了一项研究。研究前，参与者向我们提供了他们的职业和个人生活关系网络中不同人的联系信息，其中包括家庭成员、朋友和同事。我们联系了参与者给出的名单，要求他们写出自己亲眼所见的这个参与者的闪光时刻，并将其分享出来。每个参与者都收到了 5~10 个故事，而且内容都特别积极，甚至有些出乎意料。下面是关于一位老板的描述，为了保护隐私，其中采用了化名：劳拉（Laura）拥有前瞻性的商业头脑，并且竭其所能地让我们的工作不受影响。2012 年，当飓风“桑迪”袭击东海岸的时候，我们在佛罗里达并没有太大感觉。劳拉担心这会影响公司的业务，因为我们的应收账款大部分在纽约市或者新泽西地区。最后，她从自己的养老账户中借钱来维持公司的运营。我甚至建议她裁掉几个兼职人员，但她认为他们都尽心尽力，不想亏待他们。6 个月之后，一切都重新步入正轨。多亏劳拉，我们都保住了工作。

我们让一半的参与者阅读这些关于他们的陈述，并要求他们指出故事中强调的优点。之后，我们将所有参与者分成不同小组，让他们完成一些任务，以便测评他们的表现。那些事先阅读了自己优势的参与者不甚关心是否被其他小组成员接受，因而会在小组中交换更多意见，整体表现也更好。这是自我反省的力量：它赋予我们达成目标所需的信心。

2011 年，印度 IT 公司维普洛（Wipro）的业务外包部门遇到一些棘手问题。公司投入大量资金培训人员，但员工却在两个月内纷纷离开。为了了解原因，我和同事丹·凯布尔及布拉德·斯塔茨与该公司的员工进行了谈话。员工告诉我们，公司要求他们抛开自己的身份，不允许他们运用自身的优势。因此，我们开展了一项实地试验，旨在鼓励员工自我反省并监测结果。我们让一些维普洛公司的新员工接受新的入职流程，要求他们花半小时的时间思考自己的独特之处、自己的优势及如何在工作中更好地做自己。7 个月后，这些员工找到了根据自身优势处理工作的方式——例如，他们在接听客户电话的时候使用自己的判断和语言，而不是严格按照公司提供的脚本。他们对自己的工作更为专注，绩效水平更高，而且更可能留在维普洛——这一切都得益于半个小时的反省练习。在对该公司的另一项研究中，我们要求参与培训的一组员工每天下班前 15 分钟以书面形式反思当天学到的内容。在一个月后的培训测验中，反省帮助员工在绩效方面平均提升了 23%。

自我反省可能有显著的长期效果。雷切尔·庄（Rachael Chong）原先是一名年轻的投资银行家时，她曾和其他银行家参与了一项志愿者活动——在布朗克斯帮忙盖房子。一天，当身高 5.2 英尺的雷切尔在建筑工地缓慢地搬运木材时，她觉得这项任务并不能最大化地利用自己的优势，当然也不能发挥其他银行家的优势。她好奇，为什么银行家明明可以利用他们的专长为非营利机构提供它们亟须的财务模式，却要在这里亲手盖房子？恍然大悟之后，她花了几个月时间寻找可以提供与个人技能相关的志愿服务机会，但一无所获。一年之后，雷切尔搬到孟加拉国，帮助美国最大的非营利组织 BRAC（Building Resources Across Communities，建立跨社区资源）在那里开设分支机构。当时有 11 名大学生和她一起做 BRAC 志愿者，他们学习过微金融并义务为该项目工作。更重要的是，他们对帮助他人有了一种深刻而持久的积极体验。通过观察这些学生，雷切尔意识到“好的经验让人打开思路，发现自己的更多可能性”。在我采访她时，她告诉我：“当你做志愿工作时，你或许会想，我这么做是否真的能够解决问题？一次好的志愿经历会让你感觉——可以！”雷切尔意识到，志愿工作应该是一项为人赋能的工作，鼓励人们付出更多。要想如此，人们就要参与到能够调动个人积极性的活动中，从事他们擅长的工作。

雷切尔很快创建了“点燃火种”（Catch a fire）公司，将有意愿捐赠技能的专业人士和需要帮助的非营利机构和社会性企业联系起来。她借用鲍勃·马利（Bob Marley）的专辑名为公司命名。她觉得《点燃激情》（*Stir It Up*）这首歌恰好可以描述志愿者的工作。她说：“志愿工作应该帮助人们找到自己的闪光点并让它们激情燃烧。”

“我看见了大理石中的天使，把它雕刻出来，让它自由。”这是传奇的艺术大师——《哀悼基督》(*Pieta*)和《大卫》(*David*)的作者米开朗琪罗·博纳罗蒂(Michelangelo Buonarroti)在1547年写给意大利著名人文主义者贝尼铁托·瓦尔奇(Benedetto Varchi)的信中如是描述雕刻的过程。米开朗琪罗认为雕刻是艺术家将理想中的形象从它所沉睡的石块中释放的过程。我们每个人身上都有这种理想形式——那是我们的个人优势。我们的任务就是找到雕刻生活和工作的方式，从而唤醒我们独一无二的特性。

每天，我们都有与同事“赤裸相见”的机会、示弱的机会以及公开讨论自己的问题的机会。我们还能抽空思考自己潜在的个人优势，以便经常运用它们。不需要老板督促，我们就会主动开始行动。不过，领导者也起着重要的作用。

梅洛迪·霍布森(Mellody Hobson)是芝加哥财务管理公司阿里尔投资(Ariel Investment)的总裁。她22岁毕业之后加入这家公司时，老板让她做自己。她上班第一天，阿里尔的创始人兼CEO约翰·W.小罗杰斯(John W. Rogers Jr.)给了她一条让她今生难忘的宝贵建议：“你将和一些赚大钱以及职位颇高的人共处一室，但这并不意味着你的意见会逊色，你的意见很可能比他们的要好。我希望听到你的想法，你有责任表达自己。”从那之后，霍布森多次讲述了这个故事，尽管她相信，倾听是一种礼物。之前在招聘一位公司研究团队成员时，霍布森告诉这位应聘者要在谈话中点燃火花，成为推动团队说出问题的不同声音。“如果你希望在公司中看到这种态度，就要坦然地告诉员工。当我们在工作中运用优势，找到做自己的方式，就会更加被公司认同，并在职业追求中体会到更多快乐。”

我喜欢给学生看一个视频，视频中一个小男孩戴着棒球帽，拿着棒球和球棒，昂首阔步地走到后院。

“我是世界上最棒的击球手！”他大喊，然后把球抛向空中。一挥球棒——没击中。

“第一击！”他大喊。

他不屈不挠地捡起球，又说：“我是世界上最棒的击球手！”他把球抛向空中，又是没打中。

“第二击！”他大喊一声。

男孩仔细检查球棒和棒球，朝着双手啐了一口，搓了搓。然后，他正了正帽子，又说：“我是世界上最棒的击球手！”他把球扔向空中。一挥球棒，没击中。

“第三击！”

他停在那里，有些困惑。突然，他喊起来：“哇！我是世界上最棒的投手！”他微笑着，这是找到自己优势的微笑。

第七章

故事的**秘密**

专注的颠覆性力量

早晨6:36，我在波士顿洛根机场（Logan Airport）登机，在座位上焦急地等待着。飞行员通过广播宣布，预报的大雪已经降级为零星的雪花，我们的航班可以准时起飞。我长舒了一口气，当天我要去纽瓦克市（Newark）上一天的课。最后几位乘客登机后，一位乘务员开始做登机广播 ："女士们，先生们，机长已经打开'系好安全带'的标识。如果您尚未系好安全带，请尽快将您的随身行李放在前方座位下方或者头顶的行李舱内，并系好安全带。"

乘务员接着开始介绍紧急出口和烟雾报警器，但我的思绪飘到了我要教的课程上。我打算在课上让40位高管做一项小组练习，需要提前斟酌一下指令是否足够明确。飞机舱门关闭后，乘务员开始了另一项广播 ："女士们，先生们，我是本次航班的乘务长詹妮弗·卡普斯顿（Jennifer Capstone），我代表本次航班的机长和全体机组人员欢迎各位搭乘美联航空公司由波士顿直飞纽瓦克的 343 次航班。”当她继续介绍飞行时间、航行高度和速度时，我又一次开始走神。我在当天第一堂课的教案上草草写了几行笔记。乘务员开始进行安全演示。我抬头看了一会儿，但注意力又快速回到我的笔记上。不久之后，飞机起飞了。飞行途中，又有几次广播，但我都没有听进去。似乎飞机刚达到最高飞行高度就开始降落了。

课前时间充裕，我以向学生拍卖 100 美元的小练习作为课堂引子。我告诉他们出价最高和第二高的竞拍人都要为自己的竞拍出钱，但只有出价最高的竞拍人才可以拿到这 100 美元。起拍价为 5 美元，竞价每次上涨 5 美元。我要求学生们不要交头接耳，只能直接喊出竞价。拍卖刚开始的时候，许多学生举手出价。随着竞价迅速升高，当我们快接近 100 美元的时候，只剩下两位高管继续出价——他们都清楚出价较低的竞拍者会两手空空，所以都不甘退出。最终，那 100 美元的成交价远远超过起拍价。猜猜最高的出价是多少？ 360 美元！（第二高的出价是 355 美元。）这个练习引发了学生对决策中常见错误的讨论。这次拍卖让学生知道，我们日常的决策通常都是不理智的。课程结束后，我并没有把钱装到自己的腰包，而是把它奖给了全班学员，让他们在课后喝点儿东西。我可不贪婪。

下午 5 点，我坐上返回波士顿的飞机。“女士们，先生们，机长已经打开‘系好安全带’的标识……”

自从被录用那天起，空乘人员就开始学习各种必须严格遵守的规程。他们接受的培训涉及处理紧急医疗问题，应对乘客刁难，使用飞机上所有的应急设备，包括急救箱、救生筏和灭火器等。这些措施对飞机上所有人的安全都至关重要。当然，对乘客来说，知道如何在紧急情况下取出并使用氧气罩或者及时关闭可能干扰飞行的电子设备肯定是有益无害。不过，每次我坐飞机的时候都会把这些安全信息当耳旁风，我相信大多数乘客也是如此。如果乘客对这些广播置若罔闻，他们自然会面临安全隐患，但如果乘务员的说辞不那么照本宣科，而是能让乘客听进去的话，情况就会好很多。

让我们换个角度，想想乘务人员是怎么看这些广播的。他们在每次航班中重复一模一样的话，做出完全相同的手势，向陌生人展示如何系安全带，如何正确穿上救生衣。他们几乎是心不在焉地向乘客指示机舱出口，告诫乘客不要在洗手间吸烟。他们大概也能从机上乘客的表情中得知自己的话语和手势并没有引起任何人的注意。他们的工作大部分都是按部就班，这样必然会让他们感到枯燥无味，缺乏成就感。

乘务员面临的这种困境对于各行各业的工作者来说都似曾相识。大多数人在踏上工作岗位的第一天都不会缺乏动力、垂头丧气或者没有激情。相反，他们兴致勃勃，期待见到新同事，希望能给他人留下好印象。不过，蜜月期往往转瞬即逝。我和同事收集了各种行业的数据，发现人们在新工作开始的头几天中热情高涨、积极投入，但这种状态在一年内明显下滑。不论人们做的是人生第一份工作，抑或是一份百里挑一的工作，这种状态的转变似乎是不可避免的——从激情澎湃转为百无聊赖。在工作中全力以赴的愿望有所懈怠，既而转变为随波逐流。当乘务员第 100 次宣布机长已经启动“系好安全带”的标识时，他们的热情消失殆尽。

自从 1998 年起，盖洛普咨询机构着手研究工作的投入度，他们调查了不同国家各行各业上百万名员工。根据盖洛普 2016 年收集的数据，仅有 32% 的美国员工感到工作有参与感，有激情并专注其中。几乎 20% 的员工“消极懈怠”，盖洛普用这个标签指代那些对工作不满意还总发牢骚的员工。这些人每天慢慢地消耗着公司，影响着同事们的工作态度。咨询公司韬睿惠悦（Towers-Watson）做了一项研究，结果更为惨淡。他们的研究结果显示：仅有 15% 的员工在工作中完全投入，65%~75% 的员工对工作的投入度一般，还有 15% 的员工对工作完全不投入。盖洛普 2016 年的调查显示，全球员工对工作的平均投入度更低：142 个国家中仅有 13% 的员工对工作感到投入。

工作懈怠的代价惨重。它影响忠诚度、员工稳定性、企业生产率和创新水平。盖洛普发现，工作投入的员工在绩效上比那些不投入的员工高出 20%，他们的创造性也比别人高出 3 倍。根据盖洛普的估算，懈怠导致的生产力低下给美国每年造成将近 5 500 亿美元的损失。员工高度投入的公司，比如谷歌或者娱乐设备公司，比一般公司在收益上高出 22%，在生产率上高出 21%。与其他公司相比，它们的员工旷工率降低 37%，产品缺陷率降低 41%，安全事故发生率降低 48%。另外，它们的员工流动率较低。（在高流动率的企业中，员工投入度高的公司比一般公司的员工流动率低 25%。在低流动率的公司中，员工投入度高的公司比一般公司的员工流动率低

65%。）让人尤为震惊的是，公司越大，问题越严重。根据盖洛普的研究，大公司的员工比那些小公司的员工在工作方面的投入度更低。

懈怠的状态不仅出现在职场中。盖洛普针对近100万名美国K-12（美国基础教育的统称）学生进行了一项研究，发现仅有一半的学生认为自己“投入”，有29%的学生认为自己“不投入”，还有21%的学生自认为“懈怠”。相同的问题也困扰着我们的个人生活。最近，我以一千多名美国人为对象做了一项调查，他们称自己正处于一段浪漫或者亲密的关系中，但80%的人反映这种关系为他们带来更多的是担忧和困扰，而非能量和快乐。我们的生活面临着“投入”危机。

马蒂·科布（Marty Cobb）是美国西南航空公司的乘务员，这家公司的总部位于得克萨斯州。“您能否假装关注我一会儿？”这是马蒂2014年在飞往盐湖城的航班上开启安全广播时的开场白，“我的前夫、新男友以及其他帅气的空少将向您展示这架波音737–800的安全特性。”

“今天对我来说是漫长的一天。为了正确地系好您的安全带，请将插片插入带扣，解开时，请举起带扣。系紧安全带时从下方绕过臀部，对！就像我奶奶戴调整型胸罩一样。”

“如果您是与儿童同行，不好意思，”科布继续说道，“如果与您同行的不止一个孩子，请选一个将来最能赚钱的孩子。”

机上的乘客们咯咯地笑着，这说明他们正在听。结束广播时，科布恶搞了一下常用的客套话：“为了让您的旅途更加愉快，如果您有任何建议，可以在我们即将降落盐湖城的时候告诉我们；为了我们旅途愉快，如果对您有任何建议，我们会立刻告诉各位，我们西南航空的脸皮很厚。”

科布并不是唯一一位不按套路播音的乘务员。戴维·霍姆斯（David Holmes）曾经是一位电脑程序员，还当过私人教练，2009年他在西南航空飞往拉斯维加斯的航班上的一段表演走红之后，被称为“饶舌空乘”。（例如：我们不收现金，你得用卡支付。如果你有赠券，那就非常酷。）另外，西南航空的乘务员杰克·沙利文（Jack Sullivan）经常戴着墨镜和围巾模仿猫王。

当科琳·巴雷特（Colleen Barrett）在1990—2001年担任西南航空公司的执行副总裁时，她就将鼓励员工在工作中做自己作为工作重点。与其他航空公司高管不同的是，她不要求员工按部就班地念脚本，只要他们能完整地传递必要信息即可。如今，西南航空依然鼓励员工在迎接和招待乘客的时候做自己。在人员招聘方面，该公司认为真诚和幽默将有助于员工在变革中进步，在压力下仍然保持创造力，在工作中精力充沛并保持健康。这一理念帮助公司收获了巨大的乘客量，丰厚的利润以及理想的乘客满意度。西南航空公司的人员流动率低，而且拥有近乎完美的安全记录。巴雷特曾说过：“我们一直认为，一个人的爱好可以成为他的职业，因此，当你离开家去上班时，你无须扮演别人。”

西南航空公司创建了一个高投入度的工作环境。航空工作中的惯例可能会让员工陷入不走心的重复活动，但西南航空的领导尊重人性，他们允许员工在遵守“安全第一”这个目标的前提下自由选择工作方式，从而出色完成任务。这种做法不仅让员工专注于工作，乘客也乐在其中。投入度对员工、领导者和公司都大有裨益。当我们对公司忠诚且对工作充满激情时，我们的工作效率就会提升，想法也更具创意，同事关系更加紧密，公司更成功，而顾客对公司的产品和服务也更为满意。我有一次乘坐西南航空的航班，在飞机降落后一位空乘通过广播提醒乘客说："当您离开飞机时，请确保收好您的个人物品。任何落在飞机上的物品将被乘务人员平分。请不要把您的孩子或者配偶留下。"这段话让我忍俊不禁，至今难忘。

投入使人快乐。比起起飞时机舱播放的无聊广播，用说唱乐开启一段航程给乘客的体验好多了。然而，人性的有趣之处在于，人们会屈从于一些对我们无益的习惯，比如随大流。人是一种群体动物，强烈地渴望被他人认可。随大流在让人轻松的同时，也降低了我们在工作和人际关系中的投入度。除了那些最为叛逆不羁的人，人们都倾向于安于现状。这种倾向表现为公司中五花八门的标准操作，它们或许在日常工作中起着重要的作用，但也会让我们以及身边的人感觉不知所措。

商界不乏这样的故事：为使员工长期保持工作的积极性，公司想尽办法，结果却是员工要么士气低迷，要么黯然离职。2001 年，道格·柯南特赴任金宝汤公司（Campell's Soup Company）董事长兼首席执行官。在到达位于卡姆登（Camden）的公司总部时，他发现停车场被带刺的铁丝网围了起来，公司的墙面斑驳不堪，地毯亟待更换。公司一直以来受财务问题的困扰，人人自危。员工在向柯南特描述公司时，把它比作“监狱”。20 世纪 90 年代末，金宝汤公司高层提高产品价格造成销量下滑，从那时起，公司一直陷于困难之中。到了 2001 年，公司股价下跌严重，仅为 1998 年 11 月巅峰股价的一半。为了扭转局面，公司大幅削减广告费用并裁员约 400 人以节约成本。柯南特提到，“他们为了降低成本，甚至从鸡汤面里去掉了鸡肉，以致产品没有竞争力可言，只有恶性循环”。

作为金宝汤公司的一分子，员工们曾深感自豪，但这种自豪感随着公司的不景气慢慢消失。金宝汤公司成立于 1869 年，多年来一直发展稳定。20 世纪 70 年代初，公司走向国际市场，跻身全球规模最大的食品公司之列。在美国，在安迪·沃霍尔（Andy Warhol）为金宝汤设计了波普艺术的汤罐后，公司的品牌成了标志。很多美国人都能随口说出金宝汤的广告词：“嗯嗯，味道好极了。”金宝汤番茄浓汤（公司的畅销产品之一）搭配烤奶酪三明治成了典型的爽心美食，这种组合在美国就像棒球和苹果派一样普遍。

上任后不久，柯南特就声明公司的当务之急是提高员工的工作投入度。很多高管对此不屑一顾，他们认为公司有更紧迫的问题需要处理。一些人提出了质疑，认为与其在员工身上下功夫，还不如继续降低成本。一些批评者则认为公司应该在产品系列和市场推广上加大投资。然而，用柯南特的话说，金宝汤的企业文化“有毒”。公司的管理体系已经脱轨，员工士气跌到谷底。他认为，要改善公司发展前景，应该从两万名员工入手。

2002 年，柯南特请盖洛普咨询公司对金宝汤进行评估，旨在了解员工对公司及公司目标的投入度。结果印证了柯南特的看法，这次的调查结果在盖洛普有史以来对财富500强公司的评估中垫底。超过6成的金宝汤员工认为他们的工作不投入；超过1成的员工认为他们消极怠工，因为对工作不满意，他们甚至故意破坏少数敬业员工所做的努力。超过4成的公司高层在工作时置身事外，毫不关心公司的业绩和目标。

为打开局面，柯南特首先切切实实地行动了起来。不论在新泽西州的公司总部，还是在欧洲和亚洲的生产工厂，他都会在腰带上装着计步器，穿上休闲鞋。他给自己定下目标——每天走一万步，尽可能多地和所有员工进行有意义的交流。此外，柯南特还推出了“一对多”的会议制度，旨在传达一种全员参与的理念。首先，员工和上级主管进行常规绩效考核，随后他们将受邀与柯南特和人事主管进行轻松坦诚的交谈。在谈话过程中，上下级可以提问、讨论自己心中的问题并提出看法——当然，公司也鼓励这种做法。这种会议形式让经理和员工有机会直接向CEO提出问题和想法。参与绩效评估的人数由两人变为4人，这种一对多的形式扩大了讨论范围。这样一来，比起仅面对直接下属，柯南特和人事主管获得了更多的信息。与此同时，柯南特的想法在整个公司推广开来。

柯南特的两项举措——步数计划和“一对多”谈话，都表现出对员工的重视。此外，柯南特开始每天发出20张手写便条，向做出贡献的员工表示感谢。每天，一位助理帮他从公司上下找出表现突出的员工，随后，柯南特会花大约一个小时亲笔写下感谢便条。为什么一定要手写便条呢？因为公司一半以上的员工不用电脑。在金宝汤公司任职的10年里，柯南特共发出3万多张感谢便条，收到便条的人将它们挂在办公室或办公桌上方。

柯南特清理了公司周围的铁丝网和杂草，并重新安装上围栏，还粉刷了路边线。接着，他开始改善公司的内部环境——地毯、装饰和墙面焕然一新。他想让员工们从视觉上感受到变化，相信他们的个人前途和公司的前景一定会越来越好。柯南特认为，要想重新激发员工的干劲儿，公司就得清除那些阻碍想法和交流的障碍，例如铁丝网和部门孤立。这一系列的变化使员工们快乐起来，公司业绩和员工稳定性也随之提升。同时，员工的工作投入度也开始增加。他们在工作中热情高涨，积极提出改进产品质量的建议，比如易开启的拉盖罐头和超市里方便顾客拿取产品的轻型货架，这些都来自员工的创意。

对于管理层，柯南特显得很无情。盖洛普公司多年的研究表明，管理者是建立和保持员工投入度的关键。事实上，员工离职时辞掉的不是工作，而是老板，因为对于员工工作投入度的差异，管理者至少要负 70% 的责任。在任职的前三年里，柯南特辞掉了公司 350 名高管中的 300 人。为填补管理层空缺，他从公司内部提拔了 150 人，并从其他公司引进优秀管理者。2009 年，金宝汤公司的业绩已经超过标准普尔（S&P）统计的食品公司和 500 家上市公司。从 2001 年到 2011 年，公司总销售额增长了 24%，而标准普尔统计的 500 家上市公司在同时期的销售额平均下滑了约 10%。

华尔街分析师和投资者一致认为柯南特对于金宝汤公司的发展功不可没。从心理学的角度看，柯南特成为激励员工发挥才能的典范是因为他将投入度的三要素——恪尽职守、全情投入和精力旺盛引入公司。通过“日行一万步”和一对多会议制，员工深感公司对他们工作和贡献的重视。柯南特对员工的发展和满意度的关心显而易见。

如果我们感到自己的工作有意义，就会更加尽责。柯南特改善办公环境，清除干扰因素之后，员工得以专注于工作。当我们注意力集中，我们就会全情投入，时间就会过得飞快。此外，手写便条发挥了很大作用。我的一项研究表明：那些收到别人感谢的人在遇到困难时更有可能坚持下去。随着我们能力的提升，心理适应力加强，人会变得精力旺盛。当恪尽职守、全情投入和精力旺盛三要素集齐，员工就会在工作中高度投入。2009 年盖洛普咨询公司再次对金宝汤公司的员工进行调查，这次调查的结果与 2002 年相比，出现了相当大的变化：68% 的员工称自己在工作中积极投入，仅有 3% 的员工认为自己消极懈怠。员工投入度曾是影响金宝汤公司的主要问题，柯南特证明它也是扭转公司局面的关键所在。

想一想你自己最投入的时刻：也许是在听音乐会时思绪飘飞，天马行空；也许是听完讲座后坐在桌边文思泉涌；抑或是在地铁上和陌生人一见如故，感觉有一肚子聊不完的话。当我们投入一件事的时候，幸福感、创新思维和做事效率都会提升，我们所在的公司也会因此获益。我和同事在位于加利福尼亚的番茄加工公司——晨星集团进行了一项实地研究。我们请番茄采摘者看了一段短视频，视频中的采摘人表示他们的工作推动了公司的发展。随后，我们对晨星集团的员工进行了采访，结果显示，比起未看过短视频的员工，那些看过视频的员工认为自己在工作中更加投入。同时，他们的工作效率也更高：看完视频后的几周里，他们每小时采摘的番茄吨数比原来增长了 7%。后续研究表明：类似的积极反馈不仅能够提升参与者的投入度和业绩，还能提高他们的创造力。

员工投入度缺失会对公司的产品质量、生产力、顾客满意度以及经济效益产生负面影响。卡内基培训公司（Dale Carnegie Training）的一项研究表明：每年因人员流动造成的公司损失达数十亿美元；相比员工投入度低的公司，员工投入度高的公司的业绩要高出两倍多。根据盖洛普公司的调查，员工投入度缺失会导致医疗成本增加和生产力下降。

专注投入的积极影响不止体现在工作层面。学习投入的大学生更容易通过考试，当学生们积极面对所学的内容，他们的学业成绩也会更好。在亲密关系中，投入和热情会带来长久的承诺、满满的幸福感和满意度，以及共同面对逆境的意愿。在子女教育方面，投入能增强亲子间的信任，促进成员对家庭的付出以及增进家人互动时的幸福感。

在这本书中，我向大家反复介绍了叛逆者身上的特质：求新、好奇、远见、多元化和真诚。然而有趣的是，所有这些特质都殊途同归——通向投入。求新让我们勇于挑战习惯和传统的沉闷，好奇让我们不拘泥于现状，远见让我们在遇到问题或做决定时不故步自封，多元化让我们打破人类固有的偏见，真诚让我们坦诚地面对自己的喜好、情感和信仰。

叛逆者本质上都很专注投入。他们精力旺盛，内心强大，积极经营事业和人际关系，即使路途艰难也不放弃。他们对所做之事充满热情；他们受榜样激励，同时也激励着周围人。他们因为投入而成功。不过，作为公司的一员，我们还需努力去提升投入度。通过执行步数计划、重新粉刷墙面、与员工坦诚交流以及不断表达谢意，道格·柯南特使金宝汤公司起死回生。然而，这却不是提升员工投入度和获取相应益处的唯一方式。

2017年一个阳光明媚的春日，我来到了皮克斯动画工作室，它位于旧金山湾区以北加利福尼亚州的爱莫利维尔（Emeryville）。当天进门时，我被要求戴上一个身份徽章，上面是一个绿皮肤、三只眼的外星人：它的每只手上有三根手指，长方形的头上有两只尖耳朵和一只触角，触角顶端呈梅花状。徽章上有我的名字，旁边还有一条警告："外来物种"。公司的园区有配套的棒球场和足球场，郁郁葱葱的花园，可容纳600人的圆形剧场，网球场和游泳池。园区的中心是两层楼高，总面积为21.8万平方英尺的乔布斯大厦，可容纳上千人工作、饮食和娱乐。1985年从苹果公司辞职后，乔布斯收购了卢卡斯影业旗下的皮克斯公司——当时名为"图形集团"。2006年迪士尼公司收购皮克斯之前，乔布斯一直是公司的执行总裁和第一大股东。乔布斯大厦的前方矗立着公司吉祥物的雕像——顽皮跳跳灯。这只台灯被赋予了人类的情感，它出自皮克斯公司1986年拍摄的第一部电影短片。

在大厦的修建过程中，乔布斯事无巨细，他还提出在大厦里修建一个中庭，员工们每天必须经过这里，可以增加见面寒暄的机会。大厦的中庭是砖混结构的工业风，自然采光充足，里面摆放着皮克斯电影角色的全尺寸模型，一个展柜里陈列着公司曾获得的各种奖项，包括多项奥斯卡奖、金球奖和安妮奖。大厦的装饰风格会定期变化，以配合公司当年上映的电影作品并展示幕后工作人员的才华。公司的主餐厅——跳跳灯餐厅就位于大厦内部，供应炭火比萨、玉米煎饼、每日特色菜品和免费饮品。大厦里还有邮件收发室、免费点心、礼品店以及充足的休息区。大厦一层的唯一卫生间位于中庭，据说这是乔布斯做出的让步，他一度想把大厦内所有的卫生间都放在中庭，因为他觉得这样可以为大家创造更多偶遇和面对面交流的机会。

2016 年，我与皮克斯公司的联合创始人和总裁埃德·卡特穆尔见面之后，开始迷恋上参观皮克斯公司。当时，皮克斯接连制作了许多叫座的动画电影。然而，第一次见面时，埃德·卡特穆尔告诉我皮克斯制作的烂片数量可能和其他公司差不多，只是那些烂片从未发行。他列举了一些做过大幅改动的电影。比如，《美食总动员》（*Ratatoulille*）的初稿中只有一句台词出现在最终的电影里。《飞屋环游记》（*Up*）最早的版本是一个关于空中移动城堡的故事。卡特穆尔讲述了这部电影成型过程中的一次次不断修改："初稿就留下了鸟和'Up'这个名字，接下来的版本中加入了飞屋降落在迷途的俄罗斯飞船上的场景，后来的版本又添加了飞鸟下蛋，代表着生命延续的情节。"每一部皮克斯电影在创作伊始，都不像我们在电影院看到的那般流畅、有趣和真挚，所有电影都要经历各种修改。在卡特穆尔看来，那些跑偏的电影不是烂片，而是公司"过往的尝试"。

除了动画电影制作，皮克斯还深谙专注之道。各个年龄层的观众都喜欢皮克斯的电影。孩子们会被影片中会说话的玩具逗笑，大人们则惊叹于编剧对复杂题材的幽默呈现或精彩创意。皮克斯的电影触及广泛的观众群体，让观影者从头至尾都看得津津有味。那么，皮克斯的电影故事如何让所有人都投入其中？我们又能从中学到什么呢？

作为全球最成功的公司之一，皮克斯动画工作室获得了 15 项奥斯卡奖，平均每部电影的全球票房都超过 6 亿美元。而且，每部电影的故事情节都不落俗套、充满创意。《汽车总动员》（*Cars*）中的汽车会说话；《飞屋环游记》里的老人和房子借助上千只气球飞到了南美洲，《美食总动员》里的老鼠想当大厨，《头脑特工队》（*Inside Out*）中小女孩的大脑里有 5 个情绪小人儿。在参观皮克斯公司之前，我重温了一遍它们所有的电影，我就像被固定到了椅子上一般，被影片深深吸引，时不时哈哈大笑。电影情节的感染力让我惊叹不已。

不过，即便是最会讲故事的人也不可能一次就把观众吸引住。皮特・多克特（Pete Docter）是《怪兽公司》（*Monsters, Inc.*）、《飞屋环游记》和《头脑特工队》的导演。1989 年，21 岁的多克特从大学毕业的第二天就在皮克斯工作，当时的他看起来就像个卡通人物：他奇高无比却瘦得像麻秆，手臂弯曲，眼神中充满好奇。同事们一度调侃说他的头像个橡皮擦。很快，他在皮克斯开始从事有关剧本写作、动画、录音以及音乐方面的工作。作为《玩具总动员》（*Toy Story*）的三位主要编剧之一，多克特在创造巴斯光年（Buzz Lightyear）这一形象时经常停下来照镜子，参考了他自己的形象。

随后，多克特执导了他的电影处女作——《怪兽公司》。他还是第二位单独执导一部皮克斯影片的导演，因为公司的前三部影片[1]皆由皮克斯联合创始人、首席创意官约翰·雷斯特（John Lasseter）执导。《怪兽公司》主要围绕一家工厂的两个怪物——詹姆斯·P. 萨利文（James P. Sullivan）和迈克·瓦扎斯基（Mike Wazowski）展开，它们的工作是吓唬小孩，用小孩的惊叫声给怪兽世界供电。身形魁梧的蓝毛怪萨利 [约翰·古德曼（John Goodman）配音] 能够发出狮吼般的咆哮，他来自一个恐吓世家，是孩子们最怕的头号吓人专家。萨利的好友和教练——迈克 [比利·克里斯特尔（Billy Crystal）配音] 是一只淡绿色土豆形状的独眼怪兽。多克特觉得以恐吓孩子为生的怪兽一定能吸引观众，但在早期电影试映的时候，观众在电影开始 15 分钟左右就开始看表了——这简直就是灾难。

对于多克特来说，那段时间很难熬。几年以来，他不遗余力地为皮克斯工作。但最近，做了爸爸的他发现自己的关注点不再只是工作。他感到了和儿子尼克（Nick）之间强烈的情感连接，他想要尽全力照顾好这个小生命。多克特苦思冥想如何改进影片，他突然意识到：萨利也需要去关心别人，因为心里只有事业的萨利很难引起观众的共鸣。

多克特在故事中加入了两岁小女孩阿布（Boo）的形象。阿布深棕色的头发，梳着小辫，长着一双棕色的大眼睛，是萨利将阿布从他和迈克的死对头兰德尔（Randall）手里救出来的。在电影中，

[1] 指《玩具总动员》、《虫虫危机》（*A Bug's Life*）和《玩具总动员 2》。——译者注

随着萨利和迈克一次次在紧急关头救出阿布、摆脱兰德尔，萨利和阿布的关系越来越亲密。电影中有一个片段，阿布逃脱后被兰德尔再次抓住，兰德尔想把阿布用在提取尖叫声的试验中，以解决日益严重的能源危机。不过，萨利来救人了。当萨利从一个“只工作，不娱乐”的工作狂变得会关心阿布时，观众产生了共鸣。

吸引人的故事都有这种深刻的情感内核。主角在面临挑战时的反应真实自然，暴露出自己的脆弱之处。一个角色或许并不能完全引起共鸣，但如果他的反应和情绪看上去真挚，观众就会设身处地地关心这个故事。多克特告诉我：“主角就像是观众的替身，他们在发现和了解信息的时候，观众也有同感。所以在电影结束时，你会感觉自己也经历了一遍主角的心路历程。”多克特认为是萨利与阿布的情感联结拯救了这部电影，让它收获了高票房和好口碑。

情感联结也可以用来激发人们在工作中的投入状态。在金宝汤公司，柯南特通过了解员工，庆祝他们为公司做出的贡献，与他们建立情感联结。数据分析软件公司 SAS 的创始人兼 CEO 吉姆·古德奈特（Jim Goodnight）给予员工足够的自由，以此促进员工对公司的情感投入。我的研究发现，当人们可以自由地在工作中做出选择时，他们会感到切切实实的掌控感。员工往往把这种掌控感视为真心实意的礼物，因为这让他们与公司建立了情感联系，而不反是冷冰冰的合同。在 SAS，员工经常在午餐后长时间地待在公司的健身房，而古德奈特本人也经常在大下午去理发。

皮克斯认为，当故事触及人性的本质而且引发观众的共鸣时，电影就会被观众记住——甚至怪兽、小丑鱼、机器人、汽车也能传达人的想法。回想最近一部打动你的电影中是什么让你动情？往往是你在看到一个角色的脆弱状态或者不完美之时。如果一个故事真实自然，观众就会被吸引。同样，当公司的领导者诚恳真实，而且鼓励员工做自己，员工就会投入工作。公司可以以各种或大或小的方式鼓励员工在工作中表现自我。例如，皮克斯的动画师可以按照个人喜好随意装饰自己的办公空间。结果呢？有的员工的办公桌像提基小屋（Tiki Room），有的还加建了一层。还有的把几个小隔间变成了小复式。办公桌装饰成什么样子其实无关紧要，重要的是它们传达了员工们无拘无束的态度以及在工作中投入的真挚情感。

皮克斯总裁埃德·卡特穆尔的办公室宽敞明亮，位于乔布斯大厦的二楼。透过窗户你可以看到碧绿的草坪，办公室的架子上摆满各种皮克斯电影里的人物公仔。我和卡特穆尔见面时，他穿着花衬衫、牛仔裤坐在我对面的沙发上。他告诉我，虽然皮克斯公司现在随处可见天马行空和舒适自由的状态，公司曾经遇到过大麻烦。2013 年，皮克斯被迪士尼公司收购 7 年后，工作室经历了艰难的时期。电影预算升高，DVD（数字化视频光盘）市场缩水，制作成本飞涨。公司管理层明显感到员工自由表达想法的企业文化已经不同以往。

卡特穆尔说："创意文化是否健康的标志是员工能否自由分享想法、给出意见和提出批评。"如果所有员工毫无保留地分享观点，且公司乐于借鉴成员的集体智慧，那么公司就能够做出有利的决策。他坚信有效合作的关键是坦诚，"缺乏坦诚会导致工作环境失调”。自从皮克斯成立以来，这种信念就是公司文化的核心。皮克斯成立之初建立了一个“智囊团”（Braintrust），它由四五个创意领袖组成，他们监督所有电影的制作进程，每几个月碰一次面，评估电影制作的进度和遇到的挑战。用卡特穆尔的话说，“智囊团把一帮聪明、热情的人聚在一起，让他们发现和解决问题，直言不讳”。智囊团的目的是让成员自由发表观点，从公司利益出发，不畏冲突，尽情辩论。智囊团成员没有职权，所以导演可以自主决定是否采纳他们给出的建议。

2010年之后，皮克斯逐渐发展壮大，招募了大量人才。新人当然跃跃欲试，但公司的权威通常让人望而生畏，导致新人不敢分享自己的想法。管理层决定做出大胆尝试，改变这种状况。2013年年初，卡特穆尔和几个经理开始策划一个特别的日子——“备注日”（Notes Day）。公司将在这天停工，听取员工的真实反馈。备注日沿袭了智囊团的精神。管理者希望把自由分享的精神推广到整个公司。备注日鼓励员工进行头脑风暴，提出他们所发现的公司问题，讨论如何让公司变得更好。为了让员工毫无保留地提出反馈意见，管理者不参与备注日。

电影工作室在筛查制作中的电影时经常让领导给出书面建议和批评，即“备注”，备注日就是受此启发而提出的。大多数电影工作室都鼓励导演采纳备注的建议，但皮克斯的做法不同。在一部电影的制作初期，当故事线还未确定之时，所有员工都会受邀参与筛选并给出备注。此外，备注仅作为建议，导演可以不采纳——这种做法类似于众包。

备注日把这一电影制作中的做法推广到了公司的所有事务中，它的第一个目标就是让员工出谋划策，帮助公司把成本降低 10%。管理者要求员工假设自己穿越到了 4 年后，然后回答以下问题："千年后的今天，公司的两部电影都在预算内制作完成。是哪些创新让这些电影达成预算目标？我们具体做了哪些不同的尝试？"所有员工都收到了这些问题，并针对 1000 多个话题提出了 4000 多份反馈，例如减少电影中的性别偏见，缩短制作时间以及改善工作环境。

管理者从几千份反馈中选出了 106 个问题让员工进行分组讨论。这些小组讨论分别在皮克斯主园区的三座大楼里举办，员工自由选择想参加的小组。每个小组由公司专门的协调人主持，集思广益提出最佳实践方案。小组还指定成员担任"点子倡导人"，协助推动这些建议。活动结束后，员工们一起吃热狗、喝啤酒。之后，公司立即从 106 个方案中选出 21 个方案开始实施。虽然只是一些诸如采用更快、更安全的影片剪辑方式这种小变化，但积累起来也会带来大改变。卡特穆尔说："它们给皮克斯带来深远的影响，让公司变得更好。"效率的提升可能还不是最大的成效，卡特穆尔在《创新公司》（*Creativity Inc.*）一书中写道："我认为备注日的最大影响是让员工更愿意分享自己的想法，不用害怕提出异议。"

随后的几年，皮克斯一直受益于"备注日"带来的坦诚，于 2015 年发行了两部成功电影——《头脑特工队》和《恐龙当家》（*The Good Dinosaur*），2016 年发行了《寻找多莉》（*Finding Dory*），2017 年发行了《汽车总动员 3》（*Cars 3*）和《寻梦环游记》（*Coco*）。《头脑特工队》是皮克斯最卖座的电影之一，该影片的调整后净利润大约为6.89亿美元，它创造了有史以来原创剧情首周周末最好的票房纪录。

卡特穆尔在访谈中告诉我："皮克斯一直将冲突视为创意的关键。"他笑着给我讲了一个发生在他和史蒂夫·乔布斯之间的故事，这个故事他在《创新公司》一书中也有所提及。卡特穆尔曾经问乔布斯，如果别人不同意他的想法时他会怎么做。乔布斯的回答言简意赅："我会向他们解释，直到他们懂了为止。"卡特穆尔在和乔布斯沟通时形成了一种表达意见的特别方式。他们在一起共事的26年里从未红过脸，但两人经常意见不合。卡特穆尔说："当我提出一个想法时，乔布斯会立刻否决，因为他脑子比我快。"卡特穆尔会等一周左右后再和乔布斯沟通。"我会给他打电话进行辩解，然后他又会否定我。一周过后，他会再打电话。"卡特穆尔说，"有时候这种情况会持续几个月。最终乔布斯会说'哦，我懂了，你说的没错'，或者我会意识到他是对的，还有些时候我们没能达成共识，他就会让我放手去做，不做任何评论。"

乔布斯素有为人苛刻、难以相处、独断专行的名声，他绝不是解决冲突的专家。卡特穆尔必须尽量让这位老板听到自己的声音。令人敬佩的是，乔布斯和卡特穆尔都没有把彼此的分歧个人化，没有让分歧成为他们合作的障碍。

在创意过程中，紧张和争执有助于擦出思想的火花。冲突可能会触发人们探索新颖的想法。例如，人们会在读到一篇看似荒唐的故事时觉得无厘头，这种感受恰恰会激发人们探索新奇信息的欲望。在遇到困难的时候，相比关系融洽的团队，那些意见不合的团队往往能够另辟蹊径，想出更加独特的解决办法。同样，当小组成员体会到冲突时，他们反而会仔细审视并透彻思考各种可能性，从而获得全新的视角。我在研究中发现，面对看似矛盾的目标时——例如，“用小成本创造新颖产品”——参与者往往能够想出更新颖的办法来达成目标。

提出建设性的反对意见有助于得出更优的方案。芝加哥理财公司——阿里尔投资在开会和谈话时会指定一个“唱反调的人”，以此鼓励人们提出建设性的反对意见。“唱反调的人”专门在决策制定过程中挑毛病。在 2008 年和 2009 年的金融危机期间，唱反调的人在该公司的理财研究过程中起到了关键作用。如果有人要买进一只股票，另一个人会从反面与之争辩。每个人在建设性地表达各自想法的同时，也会接受他人的反驳。公司总裁梅洛迪·霍布森在开会时经常会提醒参会人员：“你们不用说得对，只需要说出自己的想法并且积极提出反对意见，从而帮助团队做出正确决策。”

很多人害怕冲突，这不难理解，毕竟冲突可能会引起负面情绪，让人不痛快。然而，恰当阐述冲突时可以让我们发现新的可能，找到意想不到的解决办法——知己知彼、出奇制胜。冲突造就了皮克斯的动画电影。如果尼莫（Nemo）没有失踪，怎么会有《寻找尼莫》（*Finding Nemo*，又名《海底总动员》）？如果《飞屋环游记》中的主角——78 岁的卡尔·弗雷德里克森（Carl Fredricksen）没有因为失去妻子而郁郁寡欢，故事也不会这么触动人心。我们在满足现状时，难以获得洞见和创意，它们只会在我们强烈渴望改变时出现。不论是讲故事、管理公司，还是安排个人生活，冲突都会吸引人投入。不同的视角可以形成合力来提升我们的注意力。

叛逆者拥抱紧张和冲突。卡特穆尔告诉我："只有经得起挑战和考验的想法才是好点子。"适当的冲突有助于成就一个好故事，带来一段充实的生活。

1996 年，皮克斯公司着手制作工作室的首部长篇动画《玩具总动员》的续集。当时，皮克斯的第二部巨作《虫虫危机》仍在制作中。卡特穆尔在《哈佛商业评论》的一篇文章中回顾了皮克斯当时是如何鼓励创新的：公司有足够多的技术人员开启第二个项目，但那些因《玩具总动员》而崭露头角的人才正忙着制作《虫虫危机》。因此，公司组建了新的创意团队，但这个团队的成员从未参与过电影制作。

续集的最初框架差不多已经定了。牛仔玩偶伍迪（Woody）期待着去牛仔营旅行，它将和它的小主人安迪（Andy）在那里度过快乐的二人时光。伍迪是安迪最喜欢的玩具。同时，伍迪也担心，在安迪离开期间房间里其他玩具会出什么乱子。不过，伍迪现在顾不得这些担心了，他正面临着一个重大危机：他的手臂被撕裂了，他无法参加牛仔营。很快又出现了另一个危机：一个玩具收藏家掳走了伍迪，把它带到自己的公寓，那里正在展示新款玩具，其中有牛仔女孩杰茜（Jessie），一只叫作靶眼（Bullseye）的马，还有一个铸造小人臭皮特（Stinky Pete）。它们告诉伍迪它们都是 20 世纪 40 年代和 50 年代的电视节目《伍迪牛仔秀》里面出现的玩具。现在有了伍迪，《伍迪牛仔秀》里的玩具都已聚齐，它们可以被卖到日本的博物馆，后半生注定被厚厚的玻璃罩住，与孩子们分离。

制作动画电影的早期会先画出故事版，再根据后期的对话和音乐进行编辑，构成专业人士所谓的“故事轴”。故事版通常比较粗糙，但有助于点明电影中的故事冲突。旧的“故事轴”往往不断完善，再形成新的版本。不过，制作《玩具总动员 2》的时候并未如此。由于起初的故事足够新颖，故事轴并未改善。于是，当工作室开始绘制动画时，故事轴无法达到要求。卡特穆尔写道：“让情况变得更糟的是，导演和制片人并没有齐心协力面对挑战。”

《玩具总动员 2》的问题在于——故事没有悬念，观众没有想象空间。故事里伍迪面临着一个重要的抉择时刻：是离开家去日本，还是尝试逃离收藏家的公寓回到安迪身边。《玩具总动员》的粉丝都知道，伍迪和安迪感情深厚——毕竟它是安迪最心爱的玩具。这让伍迪的选择一目了然：他当然会回家和安迪在一起。如果观众能够预测故事的发展，那么电影就没了看头，观众就会走神。

皮克斯面临的挑战是如何在故事中加入未知性——观众知道伍迪的内心纠结，但不确定他会如何选择。目前的团队对此一筹莫展，好在《虫虫危机》及时完工，原先的团队得以接手推进《玩具总动员 2》的制作。他们现在时间紧迫，因为电影的发布日期不能变更。用 18 个月的时间制作这部电影已经很紧张，但此时只剩下 8 个月了。

团队创建了“杰西讲故事”的一幕，牛仔娃娃杰西动情地唱了一首歌《那时她爱我》(*When she loved me*)，在歌中向伍迪讲述了自己不想逃跑反而愿意去日本的原因。杰茜曾经是一个小女孩最喜爱的玩具，但女孩长大后就不要她了。她坚信失去爱的人还不如一开始就不认识那个人。她相信，如果去日本，伍迪就会避免安迪长大后将他抛弃的痛苦。接着是臭皮特的伤心往事。他被束之高阁，没有机会和孩子一起玩，他宁愿被放到博物馆。毕竟，他在那里还能活得久一些。而且，杰茜和臭皮特说得很清楚，如果伍迪回到安迪和他的朋友身边，《伍迪牛仔秀》里面的其他玩具就难逃被放入收藏家的黑箱子的命运，因为如果玩具不成套，他就不会把它们运到日本。

我们都能体会到伍迪和它的新朋友们的担心。伍迪的选择突然间变得难以预测，观众被情节所吸引。每一部皮克斯电影的剧情发展和结局都难以预测，精彩的电影都是如此——它们充满惊喜。在《玩具总动员》里，多克特中给出了一个制造惊喜和未知性的例子。创意团队希望在电影中利用一下绑在巴斯光年背后的火箭，但想用一种让观众出乎意外的处理方式，于是设计了住在安迪家隔壁的小男孩锡德（Sid）。这个男孩有虐待倾向，喜欢毁坏玩具。例如，电影中有这样一幕，锡德戴着面具假装医生给他姐姐的娃娃“做手术”。他把娃娃的头弄下来，把其他玩具的头换上去，然后把弄坏的玩具还给他姐姐，还说“这才像样”。用巴斯光年的话说，“这人肯定去不了医学院”。

巴斯光年和伍迪被困在了锡德家，他们得想一个逃跑计划。那时，锡德已经用胶布把巴斯光年绑到了炮筒上，打算像对待其他玩具一样把巴斯光年炸飞。这之前，锡德想把伍迪放到烤肉架上，在火炉旁边的伍迪就偷偷在手枪套里藏了一根火柴。编剧起初设计用这根火柴点燃巴斯光年背后的鞭炮，带伍迪和巴斯光年“飞回”家。但他们觉得观众会料到这个梗，所以当伍迪点燃了火柴后，一辆汽车正好经过，带灭了火苗。希望渺茫之际，伍迪想到了利用阳光，借助巴斯光年头盔反射的光线点燃导火线，终于逃脱。

公司可以利用不可预见性提升员工的投入度。金宝汤公司的感谢信在为员工带去惊喜的同时也激励着他们。哈佛商学院研究了自由职业者平台 oDesk（现已改名为 Upwork），发现意外的奖励比高薪更能激烈员工努力工作。哈佛商学院的研究人员在 oDesk 网站贴出了一项需要 4 个小时完成的数据录入工作。其中一个帖子提供每小时 3 美元的报酬，另一个帖子提供每小时 4 美元的报酬。研究者最终招募到有过数据录入经验的人，并向其提供每小时 3 美元或者 4 美元的报酬。不过，研究人员告知一部分期待每小时获得 3 美元报酬的人招募公司预算充裕，“可以给参与者每小时多付 1 美元”。结果，期待得到 4 美元报酬的人并不比那些获得 3 美元报酬的人更努力，但那些收到意外奖励的参与者比其他两组人员更为努力，他们所做的努力远远超出了额外报酬的成本。

惊喜可以满足我们对新事物的渴望，满足我们的好奇心，让我们对未来充满期待。

那天离开皮克斯公司的时候，我走过接待台，微笑着看了看巴斯光年的雕像。它的创造者们以及和它一样的动画人物让我一天都兴奋不已。我不想离开。当我们专注工作时，时间过得飞快，随之也会对生活和工作有了别样的新体会。皮克斯员工对工作的热情投入让我想到1962年肯尼迪总统访问美国航空航天局（NASA）时发生的一个故事。那时，他刚发表完著名的登月演讲不久。当肯尼迪看到一位清洁工在专心地打扫房间时，他便上前打招呼："你好，我是杰克·肯尼迪。你在做什么？"

清洁工不假思索地回答："我在帮忙把人类送上月球，总统先生。"

第八章

成为叛逆领袖

“扁平化”和叛逆领导力的八原则

在当下的事务中，人人都应享有平等的表决权。

——传奇黑巴特海盗船章程第一条

18 世纪早期一个酷热的夏日，一船海盗正驶离弗吉尼亚海岸，此时望风的海盗发现一艘向南行驶的商船。海盗发起攻击，用猛烈的火枪和手榴弹冲击商船。商船的舵手受伤后放弃掌舵，船体开始乱晃，失去控制。海盗一边挥舞着斧头和短刀一边登上商船。船长吐着烟圈，随后上船。他宽厚的胸前交叉盘着肩带，上面挂着匕首和手枪。他的胡子编成小绺儿，下面还垂着黑丝带。这个时代最可怕的海盗“黑胡子”又攻下了一艘船。

黑胡子（Black Beard）是 18 世纪早期臭名昭著的英国掠夺者，他的名字在西印度群岛和北美洲附近无人不知。他有时候会设计偷袭，有时候也要花招，比如先悬挂敌船的旗帜，在最后一刻才升起自己的旗帜。击倒舵手之后，海盗会用抓钩套住商船，拉着绳子跳上船。进攻结束后，他们把乘客和船员掳为人质，然后到船舱内搜寻金银珠宝。

说到海盗，我们通常会联想到暴力、偷盗以及混乱。这都没错，但海盗在航行中有着惊人的前瞻性，这一点颇具指导意义。

在茫茫大海上，一艘商船就像一个漂浮着的独裁国家。船长在商船主的罩护下通常自以为是，对船员非常严厉；水手则经常遭受殴打，超负荷工作，收入少得可怜，有时候还吃不上饭。船员士气低落，不敢提出异议，否则会被看作叛变而受到惩罚。相比之下，海盗们则采取一种更具变革性的民主形式。为了保持连续几个月航船顺利，避免叛乱，海盗们会民主地选举船长，限制其权力并保证船员对船上事宜的发言权。船员还会选举舵手解决小纠纷、发放财物补给等，除了承担这些主要职责，舵手还可以制约船长的权威。船长只在激烈的战斗中全权指挥，其他情况下船员人人平等。船长和船员对所有事情都需要投票决定：行船方向、抢夺目标、抢夺方式、逃离方向以及俘虏的处置。当票数足够时，船员甚至可以让船长降职或退位，还可能把他放逐到无人岛上或者扔到海里。当规则引起争议时，决定事务的是船员陪审团，而非船长。正如鲍勃·迪伦（Bob Dylan）在歌曲《甜美至极的玛丽》（*Absolutely Sweet Marie*）中所唱，“若想逍遥法外，做人必须坦荡”。[1]

任何海盗都可以提出不满或者担忧，而不用害怕遭到报复，因为船员受“条款”（即为确保行船顺利而草拟的章程）的保护。条

[1] 原句为“To live outside the law, you must be honest.”。——译者注

款的制定过程都很民主，而且要在远航前获得一致通过。章程规定船员的权利和职责，解决纠纷的原则，还规定了鼓励船员在战斗中英勇作战的奖励和保险金。海盗船在抚恤受伤船员方面有一套极为详尽的方案。海盗可以选举和罢免他们的领导，这一点和大多数商船上的专制规定截然相反。在俘获一艘船后，海盗会询问俘虏是否想要参加进来。鉴于海盗享有相对的自由和权力，他们在闯荡中具有反独裁和自治精神，商船的水手通常都会抓住这个机会。在公海航行中，海盗会吸纳不同人种、不同区域以及不同民族的船员，从而形成了一个来自五湖四海的集合。海盗们的民主以及对习俗的蔑视意味着黑人也被一视同仁。大陆上奴隶制随处可见，但在海上，黑人海盗也有投票权，他们有权分享同等的战利品，可以携带武器，甚至可以在以白人为主的船员中当选船长。船上需要的是有能力胜任且干劲十足的甲板能手——肤色并不重要。海盗甚至掠夺奴隶庄园和运奴船，以获得能干的船员。可以说，黑胡子的海盗船比当时的美国还要民主。历史学家马库斯·瑞迪克（Marcus Rediker）写道："海盗蔑视他们身后的世界，从而要建立起一个与其截然不同的世界。"

黑胡子的真名叫爱德华·蒂奇（Edward Teach），关于他，还有另一个令人惊讶的细节。没错，他平时编胡子而且还在胡子小辫的尾部系上黑色丝带；没错，他把小辫塞到帽子里，留着丝带在外面慢慢燃烧，让自己看起来威风凛凛；没错，他以冷血残忍著称。但在他的海盗生涯中，他从未杀过一人。当他擒获其他水手时，并不会夺其性命。他用一种聪明的 18 世纪营销手段打造自己及其船员的形象，在获得荣耀和财富的过程中不需要以性命为代价。

20世纪50年代，社会心理学家罗伯特·弗里德·贝尔斯（Robert Freed Bales）做了一项试验。他将一群大学生分为3~7人一组，对小组内的互动进行研究。这些小组没有指定组长，需要在几小时内解决指定问题。学生们互不相识，但他们都是耶鲁大学二年级的男生。尽管起初缺乏明确的小组架构，而且成员构成极为相似，但贝尔斯发现每组很快（通常是在几分钟之内）就会自然而然地出现分级。这种分级从简单的行为中流露而出，例如发言时长就标志着地位、影响和好想法。巴尔斯的发现说明，即使背景相同，成员之间也会形成基于地位的层级之分，就会有人在其他人眼里显得更受尊重、更有影响力，也更为出众。

纵观全球，群体和组织都依赖于某种社会层级形式来维持秩序和效率。群体的领导会在互动中自然产生，少数的中心人物汇聚起大部分威望。组织形成金字塔层级，只有少数人处于顶层，而大多数人处在底层。不论是人类社会还是灵长类动物社会，都依赖于这种层级结构。一起玩耍的4岁幼儿中也能看到这种层级。如果组织试图逃避或者压制这种层级，它们通常会以失败告终。

层级有一定的好处：它能满足人们渴望秩序的心理需求，让人们容易向他人学习，在生产产品或者提供服务时起到协调作用。不过，层级并不总是带来积极影响。如果以层级角色为基础来为组织内部成员和外来人士分配资源和权力，结果往往会不均衡。相比寡言少语的成员提供的建议，一位健谈的成员提出的相同观点会往往被认为更有价值。群体会高估威望较高成员的表现，而低估那些威望相对较低成员的表现，认为前者的能力更强。

层级还可能代价高昂且无效。部分原因是组织往往不能根据贡献授予地位，因而顶层的人往往在其位不能谋其职——导致决策不当，表现不佳。不合理的层级导致工作满意度低、士气低落和动机不足，还会影响员工的忠诚度，让工人感到压力巨大、焦虑不安。由于人们通常不能坦然地向老板表达想法，层级还可能压抑反对意见。一项研究分析了 5 100 多个喜马拉雅山探险队，发现来自等级分明的国家的队伍——比如来自非洲、亚洲或者中东地区，相比那些西欧或者美国的探险队，在探险中的幸存率较低。那些没有层级之分的组织有时被称为“扁平化组织”（Flat organization）。我更愿将其成为“叛逆组织”（Rebel organization）。一个叛逆组织——不论是一艘海盗船，还是弗朗西斯卡纳餐厅——体现着本书所讨论的叛逆天才，不会陷入循规蹈矩和盲目自大的陷阱。

如果你在加利福尼亚伯克利市的街头感到饥肠辘辘，可以到奶酪板比萨店（Cheese Board Pizza）去，这家店部分由员工所有，没有地位层级之分。店里每天只供应一种比萨。如果今天的比萨以红椒、洋葱、羊乳酪、橄榄酱、欧芹为馅料，明天的口味一定会截然不同。这种做法听起来或许有些奇葩，但确实行得通：2016 年，Yelp 网（美国一点评网站）用户将“奶酪板”评为美国最佳比萨店。（我去过，味道确实名不虚传。）这家店的成功或许与它的民主精神有关。这家店建于 1971 年，包括一家奶酪店（原有业务）和面包店。据该店网站所述，店内遵循“共享工作文化，执行高标准，维系情感纽带”。员工参与运营业务并分享利润。

扁平化结构对员工角色明确和任务清晰的比萨店有用，那对于规模较大、较为复杂的大企业有效吗？在去过奶酪板仅仅几个月后，我写了一篇关于威乐软件（Valve Software）的哈佛商学院案例研究综述。该公司的成功除了得益于《半条命》（Half-Life）和《反恐精英》（Counter-Strike）这种突破体裁的游戏之外，还受益于其蒸汽电脑游戏分发平台。威乐公司是一家依靠自有资金发展的私人公司，其单个员工的盈利能力高于谷歌、亚马逊和微软。该公司的员工通过争论和劝说做出决策。如果你想为新项目立案，只需要找到足够的人手建立团队并开始工作即可。当然，有的员工比其他人更善于劝说同事。（良好的业绩记录在此时会加分。）不过，没人拥有对别人指手画脚的权力。自从该公司 1996 年成立以来，就没有老板。

在成立威乐公司之前，盖布·纽厄尔（Gabe Newell）和迈克·哈林顿（Mike Harrington）就职于微软公司。他们像商船水手选择加入海盗从此踏上冒险之旅一样，选择了一条别样的路径。纽厄尔和哈林顿特意创建了一个扁平化的组织，以便给予员工最大的自由。威乐公司的员工手册这样写道：“这家公司由你们把控——顺应机遇，远离风险，你们有权批准项目，有权运送产品。”员工自己选择想要从事的项目。威乐公司的办公桌都装有滑轮，员工只需拔掉插头就能加入其他小组。

纽厄尔相信，当你赋予员工自由，他们就能释放才华和创意。自我管理可以增加你对工作的热爱以及对公司的忠诚度。不过，大多数CEO对这些优势视而不见。纽厄尔告诉我，那些从其他公司或行业跳槽加入威乐公司的员工通常会感受到文化的冲击。员工手册中有一个章节，专门指导新员工“如何淡定”。威乐公司的理念在其他公司也被尝试过，虽然没有那么彻底。20世纪40年代后期，丰田公司（Toyota）让员工全权掌控流水线，以至于即便是金字塔底端的员工在看到问题时也能叫停生产线。公司在产品质量、生产效率和市场份额等各方面提升的效果立竿见影。效仿该方法的竞争对手同样获得了成功，最终让日本轿车赢得安全可靠的声誉。这一新体系让每个员工都清楚自己如何为公司目标做出贡献。管理者赋予员工话语权和信任，因为他们意识到要想让员工专注工作，必须克服下放掌控权的担忧。丰田员工获得责任和掌控个人表现的结果是能够快速解决问题。

一项针对800多名员工的研究发现，在组织中拥有强烈主人翁意识的员工在工作中更加投入，而且工作质量和效率更高。我和同事在一项研究中要求750多名来自不同公司的员工反思他们当前的工作。我们要求部分研究对象书面描述他们认为自己在公司中拥有的观点、项目或者工作空间，要求其余研究对象书面描述他们一天的工作情形。当所有参与者回答完几个其他的无关问题之后，我们询问他们是否愿意帮助研究小组，在没有额外报酬的情况下参与一项5分钟的调查。那些拥有主人翁意识的人更可能提供帮助。当权力结构扁平化，所有人都能参与解决问题、提出想法，而不是仅由少数人说了算，这样普通员工才得以成长。

你或许对创业不感兴趣，但我们在生活中都会遇到一个选择：

如何构建与他人的关系。我们可以选择以职称、成就或者发声量为参照。我们也可以选择让自己身边所有人“在当下事务中拥有平等的表决权”——这是海盗黄金时代最成功的海盗威尔士黑巴特（Black Bart）海盗船章程中的第一条。

叛逆领导力并不仅仅针对那些自以为是领导者的人。作为一名叛逆领导者，你并不需要手下有人干活。叛逆领导力意味着你愿意在一家叛逆的组织中工作，而且你支持它的叛逆做法。它意味着抑制我们选择舒适和熟悉的自然冲动。我们天生愿意被他人接受，因而通常迎合他人的观点、偏好和行为。我们很少质疑现状。我们轻易地接受现有的社会角色，潜意识中受到成见的影响。我们倾向于目光短浅地从自己的视角看问题，关注那些肯定我们的信息，这是人性。相反，叛逆者了解自己，而且清楚人性的限制，但他们相信自己的潜力没有上限。

叛逆者像海盗一样遵循一定的“章程”，我称之为“叛逆领导力的八原则”。

原则一：找到新意

在一个大房间中，员工单独坐在排列成行的桌子前，桌上放着螺丝、钳子、锤子以及一些其他工具。传送带在输送零件，工人们低着头，专心把手头的组件拼接起来，这些组件最终构成了一台完整的打字机。这是 20 世纪 50 年代奥利维蒂工厂流水线作业的场景。

本书之前提到，当阿德里亚诺·奥利维蒂从他父亲手中接管业务后，他就延长了员工的午休时间：员工除了拥有一个小时的午餐时间之外，还有一个小时的“文化餐”时间。他邀请来自意大利以及其他欧洲国家的哲学家、作家、知识分子以及诗人做演讲嘉宾。如果员工愿意阅读，可以去工厂的图书馆，那里有数以万计的图书和杂志。员工在自我发展的同时，公司的业务也蒸蒸日上。

主厨博图拉自己家里有一个图书馆。他收藏着各种唱片、艺术类书籍、雕塑、油画，这些都是他的灵感源泉。博图拉的厨艺创作经常是从艺术和音乐中找到的灵感。“堪比白鲟”这道菜品中珍珠似的黑扁豆置于鱼子酱罐里，上面覆着一层莳萝风味的酸奶油，它参考了勒内·马格里特（Rene Magritte）的油画《这不是一支烟斗》(*This Is Not a Pipe*)。“唯美迷幻小牛肉——非明火烤制”的灵感来源于达米恩·赫斯特（Damien Hirst）的作品。一天晚上听塞洛纽斯·蒙克（Thelonious Monk）的音乐时，博图拉受到这位爵士乐大师的启发，想出了“致敬塞洛纽斯·蒙克”：白萝卜和青葱配黑鳕鱼蘸墨鱼汁。

置身于博图拉的餐厅，你会被当代艺术所围绕——莫瑞吉奥·卡特兰（Maurizio Catellan）的作品，卡洛·本韦努托（Carlo Benvenuto）的作品，还有约瑟夫·博伊斯（Joseph Beuys）的《卡普里电池》(*Capri Battery*)。就连员工洗手间都是活脱脱的一个小型艺术馆。餐厅除了服务时间之外，厨房和前厅每个小时都会播放音乐（顾客用餐时段除外），灵感的来源无处不在。

两个不同行业的佼佼者对艺术的追求体现了叛逆领导的第一个

原则：不断求新。叛逆者兴趣广泛，对新事物如饥似渴。新兴趣的出现并不需要理由，它可能在未来的路上引发灵光一现。

我一直对摩托车感兴趣，尤其喜欢摩托车发动机和摩托车比赛。从小到大，我去观看过很多当地赛事，每个周日下午我都会和我爸爸、哥哥坐在沙发上等待我们的周末活动——观看摩托车比赛。我还记得自己第一次到赛车场看比赛的情景。穆杰罗赛道坐落于佛罗伦萨东北方向约 19 英里的托斯卡纳山里，是意大利摩托运动的瑰宝。这条 3 英里长的赛道有 15 个弯道。车迷们挥舞着他们所支持的车队的旗帜。我则坐在山坡上，观看摩托车在危险的弯道上惊险角逐。车迷们的欢呼声不绝于耳，但最让我难以忘怀的仍是发动机的声音。

如今，每当我听到那熟悉的呼啸声，都会会心地微笑。我对摩托车感兴趣并没有具体的理由，但确实它给了我灵感。出于对摩托车的兴趣，我访问了 MotoGP（世界摩托车锦标赛）的车手，该项赛事包括在四大洲 14 个国家举办的 18 场不同比赛。我痴迷于听车手讲述他们如何保持专注，甚至如何在下雨天比赛的经历。这一兴趣还让我到迪拜郊区的沙漠访问了在四件套租赁商店工作的人们。我一直想要了解更多和摩托车有关的事情，了解过去没有尝试过的车型，了解不同设计公司的动态。没人知道这个稍显另类的兴趣会给我打开怎样的一片天地。对此，我并不担心。

说到比赛，还有一个关于胡安·曼努埃尔·范吉奥（Juan Manuel Fangio）的故事，这位阿根廷车手曾统治早期一级方程式锦标赛的赛场。在 1950 年摩纳哥大奖赛中，当他正飞速进入盲角时，突然无缘无故地紧急踩刹车。原来，他在进入弯道时瞥见观众，他发现自己看到的是观众的后脑勺，而不是他们的正脸。就在比赛前一天，范吉奥看到过一张拍摄于1936年的类似照片，照片中前方拐弯处车辆相撞，观众看向别处。范吉奥将碎片信息拼接完整后，迅速刹车，从而避免了连环相撞。即便我们过去经历了无数次的情形，即便看似熟悉的路径，只要我们锐意求新，也会柳暗花明，从而发现不一样的视角。

原则二：鼓励建设性的异议

1962年10月18日寒风凛冽的晚上，美国司法部长罗伯特·肯尼迪（Robert Kennedy）挤上他的专车前座。司机握着方向盘，车上还挤着参谋长联席会议主席、中央情报局局长及其他6位高级官员。为避免引起怀疑，他们选择坐罗伯特·肯尼迪的车，而没有乘坐豪华轿车。汽车离开美国国务院，驶向白宫。罗伯特的哥哥——约翰·F. 肯尼迪总统正在白宫等他们。几天前，肯尼迪总统和他的智囊团得知苏联正在古巴部署核导弹——其威力可能在几分钟之内让8000万美国人丧生。美苏之战迫在眉睫，是时候做出决断了。

肯尼迪总统在处理古巴导弹危机时最为突出的一个细节——他向智囊团寻求反对意见。一年半以前，他支持了一项考虑不周的秘密行动，企图推翻古巴领袖菲德尔·卡斯特罗（Fidel Castro）的政权。这次失败的行动后来被称为“猪湾事件”（Bay of Pigs）。这次事件之后，总统命令审视决策制定过程，并进行了一系列变革。首先，每个智囊团成员都要成为“怀疑多面手”，在考虑问题时从整体出发，而不是仅仅关注于一个部门的视角。其次，为了鼓励畅所欲言，智囊团成员可以不拘泥于会面形式，不限定会议流程或正式程度。再者，智囊团将分为小分组，针对不同方案进行分头讨论，然后再聚到一起进行统一讨论。最后，肯尼迪让助手在自己不在场的时候开会，以避免他们简单顺从自己的意见。肯尼迪相信，这些变化会激发辩论，挑战假设，让最佳方案脱颖而出。这些措施旨在打败心理学家所谓的“群体思维”——避免群体成员顺从他人的观点，打压异议。

坐在罗伯特·肯尼迪车里的人分成不同的小组，其中一组拟定进行军事打击的意见书，另一组写出主张对古巴进行海上封锁的意见书。然后，双方交换意见书，毫不留情地剖析对方的方案，以确定更优策略。“讨论中不分职级，事实上，我们甚至没有设置会议主席，那次对话完全不受限制。”罗伯特·肯尼迪后来回忆道。最后，美国通过封锁联合巧妙的外交策略，让导弹得以移除，从而避免了美苏之间的核对抗。叛逆者知道一定程度的抗衡是有益的，不适会让人努力。叛逆者寻求多样化的视角和经验。适时倾听他人和适时说出想法一样重要。

阿里尔投资公司在开会时指定一个人“唱反调”，挑战共识并提出不同观点，这种做法让决策更为合理。在帕尔餐厅，每提出一个新观点，比如在菜单上增加新款，或者工作流程有所变化，都会在三家店面同时进行尝试：一家店支持这一观点，一家店反对这一变化，另一家店则保持中立。当雷切尔·庄面试新员工时，她总是寻找敢于提出相反意见的候选人，从而“点燃火种”。她会描述公司所做的决策或者公司正在纠结的决策，并寻找与她或者她的团队想法不同的候选人。一项针对 7 家财富 500 强公司的研究发现，最成功的高层管理团队是那些鼓励在非公开会议中持不同意见的团队。

1937 年至 1956 年间担任通用汽车总裁的阿尔弗雷德·斯隆曾经在结束一场和高管讨论关键决策的会议时说：“如果大家现在完全同意这个决策……那么，我提议我们在下次会议的时候再做进一步讨论，以便我们有更多时间提出异议，说不定我们可以加深对整个决策的理解。”——这就是叛逆天才。

原则三：开启对话，决绝封闭

在皮克斯公司，编剧和导演在处理一个故事时重在找到充满创意的解决方案。小组讨论提倡一个名为“做加法”的技巧。做加法的要点在于完善一个想法的时候不使用评判性的语言，只对别人提出的想法进行补充或者“做加法”。导演不会批评某个草图，而是先找到切入点，说“我喜欢伍迪的眼睛，要是我们……”其他人可以加入讨论，给出各自的加分点。这个方法和即兴戏剧中的“是的，而且”原则颇为相似。人们倾听他人，尊重他们的想法，并且做出自己的贡献。维持这种合作性的氛围需要付出努力，因为我们习惯了评判他人或者别人的想法。有时候我们通过沉默表达反对——正如皮克斯的总裁埃德·卡特穆尔所谓的“死亡停顿”。

叛逆者保持开放心态，他们知道沟通能激发新视角，而拒绝对话通常会带来失败。提出异议是好事，但前提是所有人都相互尊重、相互信任。许多事情都可能封闭对话，诸如懒惰、分心、有人说太多或者说太少，伤人的言论或者奴颜婢膝的态度，叛逆者对其一概否决。叛逆者在新对话甚至苦难的对话中寻求诚实反馈并寻找新知识，即便情况复杂，他依然坚持。

詹姆斯·E. 罗杰斯（James E. Rogers）在担任辛辛那提能源公司（后来与杜克能源合并）的 CEO 兼总裁时，和不同的经理开展“来者不拒”倾听会，这让他可以听到各种各样的问题，例如对报酬不均的抱怨。他还请大家对他的表现做出反馈，甚至要求员工匿名给出字母打分。当他发现自己的沟通技巧需要提升时，就会做出相关方面的努力。海盗船的船员们能够坦然地向船长提出自己的担忧。当沟通畅通无阻时，行船也一帆风顺。

原则四：展现真我，自我反思

在成为金宝汤公司 CEO 之后不久，道格·柯南特与公司的高管进行了一对一会面。柯南特和他们谈论他所认为的“工作之内和工作之外的重要事情，对公司的要求，公司运营方式，自己的做事原则，等等”。他为什么这么做？为了传递信息，让高管全面地了解他，他是什么样的人，以及他希望在 CEO 的职位上达成什么目标。他告诉公司高管：“如果我言出必行，你们可以信任我。如果我言而无信，那你们就不能信任我。”柯南特认为这个方法成就了有效和健康的工作关系，他告诉我："我向他们解释过我的目标是用私人的方式，尽快揭开我们之间的神秘面纱，以便可以顺利合作，成就一番事业。"叛逆者知道认清真实自我以及展示自己的重要性。他们不会表里不一或者伪装自己，他们鼓励他人找到并发挥自己的优势。

莫里斯·奇克斯教练准备带领队伍赢得胜利，他并没想到自己会在两万多名球迷面前唱国歌。然而，当看到一个女孩身陷尴尬时，他挺身而出，和她一起歌唱。没人关心他是否跑调。

帕特里夏·菲力－克鲁希尔在加入美国在线时代华纳之前是网络医生的董事长。作为该网站的领导，克鲁希尔需要和硅谷清一色的男性工程师会面。当他们开门见山地问她对软件工程了解多少时，她用手指做出零的手势，直言不讳地说："我对软件工程的了解就这么多，不过，我知道如何运营企业，我希望你们能教我了解你们的世界。"

我们总是急于对自己和同事下结论，殊不知我们应该关注他们的优势，而非缺点。我们往往会评价同事未能按时完成任务，而不是赞扬他们对细节的精益求精。我们抱怨伴侣随便堆放餐具，而不是感谢她为我们准备晚餐。我们常常关注他们不及别人之处，而不甚在意他们的成功之处。

大多数公司都会落入同样的陷阱，但有些公司则应对得当。梅洛迪·霍布森将阿里尔投资公司 CEO 兼创始人约翰·W·小罗杰斯的建议记在心里。在她加入公司时，小罗杰斯让她"畅所欲言做自己"的建议记在心里，她将自己的成功部分归功于在公司中保持真我的能力。

一旦我们发现自己的才华，我们的潜能就得以释放。当我和格雷格参加即兴喜剧课程时，我们都逐渐以各自的节奏习惯了自己的表现。主厨博图拉决定离开法学院追寻自己的烹饪爱好，尽管他知道这会让他的父亲失望——至少起初会如此。他在烹饪意大利美食时所用的独特方式和奇思妙想让他声名鹊起。虽然曾面对多年的反对，但他坚持自己热爱的事情，并坚持做自己。

原则五：学习一切——然后忘掉一切

洛杉矶加利福尼亚大学篮球队的传奇教练约翰·伍登（John Wooden）在每个赛季开始的第一场训练都要求队员练习穿袜子和系鞋带。如果队员因为鞋带系法不当而磨起水疱，他们在场上的移动就会受到影响。如果他们不能在跑动和跳跃时发挥潜力，就会丢掉篮板球，投球不中。如果他们抢不到篮板，投球不中，队伍就会输球。伍登认为，从解决问题的根本出发，球队才能发展。

叛逆者知道自己并非无所不知，他们将掌握基础看作是终身事业。不过，叛逆者并不会被规则所限制。有时候，当你回归基础时，你会发现一个完全不同，甚至更好的策略。在大多数快餐连锁店，员工在开始正式工作之前会在每个流程上接受大约两小时的培训。在帕尔餐厅，新员工接受的培训时间平均为 135 小时，甚至长达 6 个月。具备了扎实的基本功，员工会呈现更高水准的表现并且主动思考如何提升业绩。“平等采购”（Samasource）的 CEO 兼创始人莉拉·詹纳（Leila Janah）多年来一直研究如何为发展中国家提供援助并思考如何帮助那些以此为目标的机构，如世界银行（World Bank）。她在工作中开始反思给予援助（例如资金、衣物和食物）是否是消除贫困最有效的方式。她觉得答案是否定的，于是她创立了一家公司向穷人提供工作，而非救助。

博图拉还有一道招牌菜，名字很绕口——“在5种质地及温度下，5种年份的帕尔马乳酪”。这道菜的构思最早开始于20年前，是一项对不同材质和温度的试验。24个月熟成的乳酪会做成热舒芙蕾，30个月熟成的做成温酱汁，36个月熟成的做成冷泡沫，40个月熟成的做成脆片，至于50个月熟成的做成“气体”。这是对年份作用于帕尔玛奶酪的结果。博图拉对奶酪成熟过程这个基本问题的探索让他创作出一道前所未有的菜品。他告诉自己的团队：“如果想要创新，就要无所不知，然后忘掉一切。”

原则六：在限制中找到自由

1970年4月，一次爆炸动摇了阿波罗13号的探月任务。飞船的服务舱为指挥舱供给电源和氧气，宇航员在这里进行此次航程的大多数活动。服务舱还有550磅炸药和两个液氧箱。在飞船发射之前NASA和机组人员都没发现位于宇航员座位下方10英尺处的二号液氧箱的线路有个破口。飞行19个小时之后，阿波罗13号已经完成奔月航程的4/5，距离地球20万英里，此时破损的线路暴露出来。当宇航员在睡前打开液氧箱的风扇时，破损线路擦起的火花引起大火。爆炸严重毁坏了飞船，3 名宇航员的氧气供应不断减少。地面指挥中心的工程师必须在短时间内想出办法，利用飞船舱内的设施净化空气。在极端的限制和压力条件下，他们则想出了一条妙计：把指挥舱的方形空气净化器放在登月舱的圆形接收器中。谁说方形栓不能插到圆孔里？

叛逆者冲破限制，到达自由的彼岸。人类生来会面对一些艰难的挑战：偏见、安于现状、强烈的自顾自怜。叛逆者意识到这些限制的存在并与之对抗。研究发现，当面临条件限制时，我们会动用精神力量，表现得更加机智顽强，超出预期，甚至做得更好。1960 年，瑟斯博士（Dr. Seuss）和兰登书屋（Random House）的创始人贝内特·瑟夫（Bennet Cerf）打赌，说他只用了 55 个不同单词就能写出一整本书。这个赌打得有点悬，但这次打赌成就了瑟斯博士的畅销书《绿鸡蛋和火腿》（*Green Eggs and Ham*），这是我家孩子爱不释手的经典（或许你们也一样）。

由此可见，条件束缚可以打开思维，促进创新。诗歌杰作并不受诗节和韵律的限制。文艺复兴时期的艺术杰作起初都是委托作品，画家需要在特定的主旨、材料、颜色和尺寸下进行创作。我们在各自的工作中也会遇到各种各样的限制，比如预算紧张或者必须严格遵守标准。如果你让一个团队设计并制作产品，你可能会收到几个好点子。但如果你要求同一个团队在预算紧张的情况下设计并制作同一种产品，你可能得到更具创意的结果。人们对设计新产品、做饭甚至修理玩具等过程的研究发现，预算限制会让人打开思路，找到更好的解决方案。我们都需要一定的资源来完成工作，但资源稀缺有时候会刺激创新。

原则七：深入前线，带兵作战

16世纪的法国海盗弗朗索瓦·勒·克莱克（Francois Le Clec）无疑是非常成功——最近，他在福布斯收入最高的海盗排名中排行第13位。（没错，福布斯还做海盗收入排名。）传说克莱克是“前线指挥型”海盗，他常常第一个登上敌船。这一做法让他失去一条腿，并因此得名“木腿”。他麾下有10条船组成的舰队，带领着300多手下驰骋大海。为什么有如此多的海盗愿意追随克莱克赴汤蹈火，即便在他失了一条腿后也义无反顾？因为他和手下并肩作战。

电视节目《卧底老板》（*Undercover Boss*）中，高管暗中打入公司内部，假扮成底层员工工作。他们几乎总能发现一些让他们感到吃惊的事情。一期节目中，边疆航空（Frontier Airline）的CEO布赖恩·贝德福德（Bryan Bedford）在前线工作时发现了公司运营的重大缺陷，例如员工在两个航班之间仅有7分钟时间进行清洁工作，工作人员在为乘客办理登机手续之间换班，员工在104华氏度的高温下徒手装卸行李。通过和员工并肩工作，管理者看到了公司的问题以及员工对他们的印象，并且进一步了解了员工的工作体验。

叛逆者知道哪里需要行动，哪里就是他们要去的地方——而不是身居高楼或者办公室。叛逆者知道领导团队的最佳方式是到战壕里。叛逆领导者是同志，是朋友，是同好。拿破仑不会一生都待在高级套房中。主厨博图拉经常打扫餐厅外面的街道、卸货并清理厨房。参加哈佛肯尼迪学院（Harvard Kennedy School）课程的一位海军军官告诉我，美国海军海豹突击队的后备队员从训练的第一天起就牢记亲身实践的理念。实际上，海军军官需要在所有事情中都以身作则。你会发现他们在跑步和游泳训练中总是排在队首。

我曾对 700 多名员工进行了一项调查，发现那些最受尊敬的领导者往往都是亲力亲为的人。我让这些员工说说那些他们看不起的领导，他们一致提到那些甩手掌柜。在扁平化的组织中，受益的不仅仅是领导。对团队作业的研究发现，单个成员对团队的支配越多，团队整体的表现就越差。在谈论弗朗西斯卡纳餐厅时，博图拉用的是“我们”而不是“我”。他和员工一同用餐，一起在下午踢球，而且在旅行时也会向餐厅报到。如果他不在摩德纳，员工会想他，但团队绝不会因为他不在而懈怠。

原则八：营造快乐插曲

第二次世界大战之后，麻省理工学院（Massachusetts Institute of Technology, MIT）招收了一批退伍军人。为了安置这批新人和他们的家人，MIT 在校园的最西侧建立了西门西（Westgate West）居住区，100 栋矮楼像座迷宫一样拥挤在那里。为了了解这个住宅区内的社交情况，两位心理学家要求住户列出他们最亲密的三个朋友。人们列出的密友往往居住在一楼楼梯口的公寓。42% 的人的好友中有一个是他们的邻居，低头不见抬头见的人们成了朋友。

20 世纪 80 年代时，史蒂夫·乔布斯需要为皮克斯公司找个新家，他购置了荒废的德尔蒙特（Del Monte）罐头厂。他原本计划为不同部门创建单独的空间，让动画师、计算机科学家在不同的空间工作，但他最后决定以中庭为中心，把老工厂用作一个巨大空间。他将员工邮箱、咖啡厅、礼品店和放映室都放到了中庭，他甚至考虑将唯一的洗手间也放到那里，不过最后他改变了想法。乔布斯认为，不同部门拥有独特的工作文化和解决问题方式，如果把他们分割开来，将会影响人们的思想交流。

员工之间的连接不仅可以通过工作空间的设计而达成，还能通过小组安排实现。博图拉的两位副主厨达维德·迪·法比奥和近藤隆彦来自不同的国家（一个来自意大利，一个来自日本人），两人各有所长：一个擅长即兴发挥，一个痴迷于精细操作。博图拉认为这种“碰撞”会让后厨更具创新精神。领导者通常认为成功依赖于层级领导和管控。但从另一个方面讲，叛逆者知道快乐插曲的价值。他们相信工作空间和团队会相互成就，一个小错误可能会解锁新突破。

在弗朗西斯卡纳餐厅，有一天近藤掉了一个柠檬挞……博图拉把它摇身变成了餐厅的招牌菜——“哎呀！我弄碎一个柠檬挞”。这道菜的创作过程被他写进书中，我恰巧在马萨诸塞的一家书店看到了这本书。后来，我去了摩德纳，目睹了博图拉的菜品是如何从厨房运送到饥肠辘辘、满怀期待的客人面前，并了解它们背后的故事。

结论

2012 年 5 月 20 日凌晨 4 点刚过，地面突然开始弯曲。砖块掉落到地上，门窗玻璃破碎的声音不绝于耳。停车场上的汽车车窗内陷，教堂、学校和居民楼的墙面开始变形。紧接着停电了，整个小镇陷入一片漆黑。手机无法使用。

意大利北部艾米利亚·罗马涅大区发生了 6 级地震，地震波及历史名城博洛尼亚（Bologna）、费拉拉（Ferara）和摩德纳。破晓时，余震还未结束，但灾害的影响已经一目了然。许多公寓楼出现了从上至下的巨大裂痕，街上随处都是建筑残骸。在一个遭受地震灾害的小镇，一座屹立了几个世纪之久的钟楼被一分为二，钟楼一半坍塌为瓦砾，另一半摇摇欲坠。再看看另一个小镇，一座建于 14 世纪的雄伟城堡的城垛和塔楼已化为灰烬。许多地方都停水了。

另一个地方的市政楼受到了严重破坏，一座公立学校的校舍已经坍塌。附近一座小教堂的房顶塌陷，天使和圣人的雕像裸露在光天化日之下。

艾米利亚－罗马涅大区位于意大利靴形地图的顶部，从东海岸的亚得里亚海一路延绵至西海岸的利古里亚地区。该区的南部有坐落着城堡的延绵丘陵，绿色的田野，森林密布的亚平宁山脉气势磅礴，人烟稀少的村庄散布其间。大区北部的平坦与之形成强烈对比：地形主要为波河河谷的肥沃农田。这里被视为意大利的美食中心。摩德纳香醋、帕尔玛火腿、帕玛森乳酪、博洛尼亚肉酱、千层面和熏香肠都是意大利的标志。

这里还有极为丰富的建筑和艺术遗产。这里有中世纪城堡、罗马式教堂、基督教的镶嵌工艺，以及拥有几百年历史的文艺复兴风格的宫殿。几百年前，这里曾有多个城邦，由有权有势的当地世家分别统治。地震对这些遗产造成了严重破坏。当天还发生了多次余震。由于担心待在受损的建筑物中有危险，成百上千人在车里过夜，其他人则躲在帐篷里。9 天后，正当人们以为噩梦已经过去，一场 5.8 级的地震再次来袭，震倒了前次地震中受损的建筑，人们不得不再次在废墟中展开搜索。许多人在地震中丧生，无数房屋被夷为平地。地震带来的损失预计超过 150 亿美元。

地震还威胁了一整个产业：帕尔玛干奶酪产业。波河河谷的西多会（Cisterician）修士最早把帕尔玛干奶酪做成轮状奶酪，以便在漫长的朝圣路上易于保存。如今，正宗的帕尔玛干酪只在艾米利亚－罗马涅大区的少数几个省份制作。这种奶酪遵循特定的制作工艺，对奶牛的饲料也有特殊要求。专家会用特制小锤敲击奶酪外皮，检查帕尔玛奶酪轮的质量。帕尔玛干酪的零售价是 15 美元每磅，在国外售价甚至更高，可谓是最贵的意大利奶酪之一。帕尔玛奶酪轮对该地区的经济至关重要。这里每年生产 300 多万个奶酪轮，创造大约 23 亿美元的销售额。许多意大利银行还接受用帕尔玛奶酪抵押贷款。

这些奶酪需要在湿度特定的仓库中存储，而这些仓库在地震中遭到了严重破坏。上千块卡车轮胎那么大的奶酪轮从 23 英尺高的架子上掉落，像是图书馆遭到炮弹轰炸后掉落一地图书。在这次地震中，37 家工厂大约有 40 万个帕尔玛奶酪轮被毁。这些被毁坏的奶酪轮无法正常销售，可能带来好几个亿的损失。奶酪厂商开始担心他们家族经营了几代的生意会关门大吉。9 天之间，地震让整个产业岌岌可危。

马西莫·博图拉一直和帕尔玛奶酪有着特殊的缘分。小时候，每当家里举办重大晚餐，他父亲都会带一些奶酪回家，放到意面酱里做配料，做意式水饺馅料，当开胃菜整吃或者磨碎放到意面里。博图拉会在他妈妈和祖母做饭的时候偷偷品尝奶酪，那味道浓厚且复杂。即使现在，博图拉依然认为用一块帕尔玛奶酪配水果当点心堪称完美。

当博图拉得知地震对他心爱的帕尔玛奶酪造成的破坏后，他在思索着自己能否做些什么。他整日思考，最后把焦点放在了他最拿手的事情上——开发新菜品。

他能不能想出一道新菜，把这种神奇的奶酪作为主料？他希望设计一道既美味又简单到人人都能做出的菜品。他觉得如果把帕尔玛干酪作为这道菜的主料，那么对这道菜感兴趣的人就会购买那些受损的奶酪。

博图拉开始试验。他想到了一些只用当地特定食材做的传统菜。一道罗马传统菜刚好满足要求：一道名为“黑椒芝士意面”的经典意面料理。这道菜几分钟就能做出，而且只需用到 4 个最基本的配料：盐、意面、黑胡椒和一种意式料理中常用的佩科里诺奶酪。这种奶酪由羊奶制成，味道强烈，是意大利南部坎帕尼亚地区的特产。罗马方言称佩科里诺奶酪为“Cacio”。博图拉认为佩科里诺奶酪对坎帕尼亚的意义相当于帕尔玛干酪对于艾米利亚-罗马涅大区的意义。于是，他决定用自己的方式诠释这道传统菜品，用帕尔玛干酪代替佩科里诺奶酪。此外，他还把意面换成了同样在地震中受到影响的大米，把这道菜叫作“黑椒芝士烩饭”。

尽管传统的“黑椒芝士意面”菜谱只需要几种原料，但它的烹饪方式让面条优雅柔滑，让味蕾跳跃。博图拉特别选用了帕尔玛水代替普通水制作米饭。他将帕尔玛干酪磨碎，浸泡在一锅水中，待水开后关火，将奶酪搅拌至黏稠状。接着，他将其置于冰箱过夜，第二天早上，液体会分为三层。底部是牛乳蛋白，中间是黏稠的浓汁，上层是帕尔玛奶酪形成的奶油。在食用的时候，先是烘烤一些米饭，然后逐渐加入奶酪糊，最后用奶油点缀，完成菜品。博图拉对这道菜的描述是：“借用了经典意面的做法……化身为艾米利亚灾后重建的希望。”

仅仅这么做是不能解决问题的。被毁坏的奶酪轮太多了，必须尽快卖出去才行。博图拉和帕尔玛奶酪生产商们决定发起一个为期一天的活动，让全球各地的人能够同时制作“黑椒芝士烩饭”。于是，他们组织了一次线上众筹：2012 年 10 月 27 日，人们一起用帕尔玛干酪制作这道新菜。

这场特殊的活动晚上 8 点在图灵美食展“品味沙龙”准时开始，在一档意大利人气美食节目播出，并通过网络进行直播。超过 25 万人在那天一起共进晚餐。有的是和朋友、家人聚在一起，在家品尝博图拉的菜品，其他人则在餐厅吃这道菜。这场活动吸引了许多人的关注，除了住在意大利的当地人，纽约、东京等地的海外人士也参与其中，他们希望能帮忙拯救这个意式料理的瑰宝。最终，共计 40 万个受损奶酪轮全部售出。没有一人失业，没有一家奶酪厂商倒闭。一道菜挽救了一个产业。

在摩德纳的时候，博图拉会在餐厅工作，会逛当地市场，会去农场考察供应商。他穿上白色的厨师服备菜，小心翼翼地摆盘，品尝每一道将被送上餐桌的菜品，穿梭于前厅和后厨之间，和员工聊天，和团队研究新菜谱。同一个月中，他可能现身于东京、墨尔本、纽约、里约热内卢和伦敦，每次旅程的间隙还会到弗朗西斯卡纳餐厅做菜。地震发生那年，博图拉的餐馆刚评上米其林三星，餐厅的客人激增，来自各种会议的演讲邀请以及源源不断的媒体访问让他尤为忙碌。

然而，当这么多心爱的奶酪轮被毁时，他依然抽空伸出援手。实际上，公益已经成了他生活的一部分。2015 年，他发起“剩食倡议”，把剩余食物提供给那些没有机会吃到体面食物的人。他的第一家“剩食餐厅”开在米兰，后来相继开到巴西、西班牙、纽约以及他脚步所及的其他地方。每次组织“剩食”活动时，他都利用大型美食会议或者其他烹饪活动中剩下的食材创造菜品，然后把这些菜品提供给当地儿童和收容所。

博图拉似乎总能抽出时间汲取生活中的精华，充分利用每时每刻。我在他的餐厅体验工作的那天晚上，晚餐时间开始约 45 分钟后门铃响了。当时餐厅已经满员，贝佩惊讶地去开门。刚一开门，杜卡迪摩托车低沉的轰隆声就响彻房间。骑车的人载着一个 10 岁左右的男孩，问道：“有两人桌吗？”他刚说完，看到餐厅满员，又发动了引擎，接着是一阵笑声。那个骑车人是博图拉，一个孩子通过“许愿基金会”提出要和他见面，他们再共度一天。

我们常常认为手头事情越多，就越没时间或者心思去做其他事情。这是顺理成章的想法，难道不是吗？事实证明，这个想法是错的。在工作和生活中全力以赴时，我们反而有精力完成更多事情。博图拉经常在晚餐前和员工在街上踢球，他深谙此道。这是叛逆者的另一个秘诀：那些看似无关的事情，那些需要额外付出的事情，例如抽出时间帮助他人，铺就了通往丰富人生的道路。做得越多，收获也越多。

心理学家也在研究这种叛逆特点。加利福尼亚大学洛杉矶分校的凯茜·莫吉内（Cassie Mogilner）和她的同事研究发现，当我们花时间与他人共处时，会感觉时间更为自由。当然，与他人共度时间让我们有种“连接感”，带来一种有意义的体验。但莫吉内的研究显示，积极付出时间的人会对自己更为自信、认为自己更有价值。他们感觉自己有所成就，而且有能力进一步发展。我在自己的研究中也遇到过相似的反应。我招募参与者完成一项数据录入的任务，并且故意在同样的时间内给其中一些人分配更多工作，让他们更为忙碌，并告诉他们这么做是在协助一个研究项目。那些在同等时间内完成更多工作的参与者，在客观上更为忙碌，他们感觉不受时间限制，而且愿意承担更多任务。

这或许可以解释我和博图拉以及其他在本书调研过程中见到的出色人士在一起时的那种神奇感受。他们全身心投入生活，在行动中享受快乐——他们的成功源于不被时间羁绊。

后记 叛逆行动

开始一件事的方式是少说多做。

——沃尔特·迪士尼

20 世纪 70 年代寒冷的一天，少年马西莫·博图拉坐在他父亲蓝色阿尔法·罗密欧跑车的副驾驶座位上。他的哥哥在车外，站在气泵旁边给油箱加油。博图拉一边等待，一边拿出他父亲放在车里的一本小红书：一本破旧的《米其林指南》（*Michelin Guide*）。15 年后的 1986 年，博图拉决定离开法学院去当厨师，他父亲因此而不高兴，他和父亲谈话时提起了多年前他在车上发现的那本书。"等着瞧吧，爸爸，有一天我也会得到一颗米其林星星。"

迈出第一步对博图拉并不容易。他曾一直仰慕父亲，但父亲却不希望他成为一名厨师。他虽不具备人们眼中厨师应有的经验或技巧，但他有想法——打破意大利烹饪传统——还有饱满的热情。就这样，即便在早年，当保守的意大利人批判他的料理时，他也没有放弃。

当你想要发展自己的叛逆天才时，你会发现万事开头难。你可以访问 www.rebeltalents.org 寻求帮助，在上面找到各种资源和建议，让你踏上正确的路。

你是哪种叛逆者

在研究叛逆者的这些年中，我发现叛逆者有各种类型。他们的行为方式不同，因而需要不同的方式来发展他们的才能。为此，首先要了解自己的叛逆商数。www.rebeltalents.org 网页提供免费测评，帮您确定自己具备哪种叛逆因素，以及您在哪方面的成长空间最大。如果那位魅力十足的老板做事路子不对，您会把自己的想法告诉他吗？面对一项已经做了十几次的项目，您是否能在其中发现新意？叛逆不羁并不舒坦，但当您认清自己的叛逆特点后，就会逐渐习惯于这种不适感。

经常调用身上的叛逆精神并不容易。毕竟，叛逆意味着要和人的本能做斗争。不过，叛逆也可能带来兴奋和满足：生活和工作方式上的小变化可能带来重大影响。您还会在上述网站发现一些关于叛逆者惯用策略的实用贴士，以及运用这些技巧的成功案例。

叛逆者的持续学习之路

叛逆者注重学习而且保持谦卑。我和博图拉初次见面时，他告诉我：“当你认为自己无所不知时，你就不再成长……我们需要打开眼界，看到问题。”为了帮您持续学习，www.rebeltalents.org 网站提供了一些关于其他叛逆者的故事和案例，希望对您有所启发。里面还有关于叛逆天才的研究链接，这些内容也像博图拉的菜谱一样不断更新。

前 路

幸运的是，博图拉的父亲在有生之年看到儿子获得了第一颗米其林星星。那只是一段奇妙旅程的开始。2001 年 12 月，在收获该荣誉的一个月后，博图拉送给弗朗西斯卡纳餐厅每个员工一件纪念 T 恤作为圣诞礼物。T 恤上印着餐厅获得米其林一星的时间，一个米其林星星的标志，还有一句话：Ma dove vuole arrivare questa pasta e fagioli?（意为“这些意面和豆子想去哪儿？”）。博图拉走了很远，实际上，他远远超越了自己对父亲的最初承诺——他最终获得了米其林三星。

就如博图拉和本书中的其他人物一样，叛逆者在生活和工作方式上另辟蹊径：他们打破规则，带来积极改变。他们笑对人生，过得充实且满足。现在就开启一段叛逆生活吧！

致谢

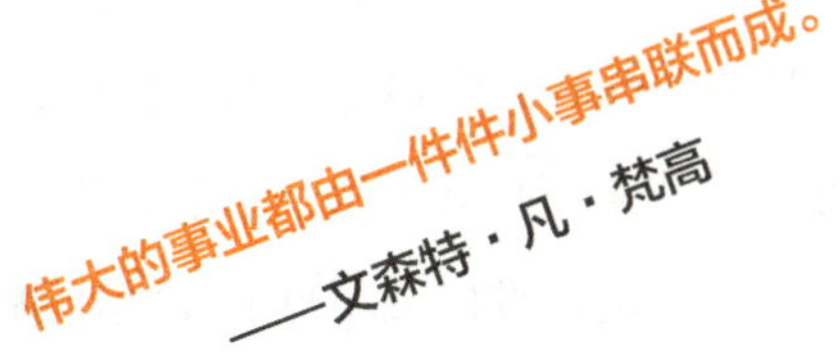

2016年2月,《哈佛商业评论》的编辑找到我，问我是否有兴趣加入一项关于数字化“未来文章”前景的试验。“试验?”我想了想，“行！算我一个！”这个专题囊括视频、案例研究，甚至还有一场在旧金山举办的现场活动，这些活动都聚焦于叛逆行为的积极影响。这次策划反响热烈，鼓舞我写出了您手上的这本书。

我和《哈佛商业评论》的高级编辑史蒂夫·普罗科施（Steve Prokesch）密切合作，他在我创作本书的过程中不断给我提出见解深刻的问题，给出直言不讳的反馈。我笔下的内容因为他细致的编辑和巧妙的建议而锦上添花。他不遗余力地帮助我，让我感激不尽。同时感谢《哈佛商业评论》的斯科特·贝里纳托（Scott Berinato），埃米·米克（Amy Meeker），萨拉·克利夫（Sarah Cliffe），埃米·伯恩斯坦（Amy Bernstein），格蕾琴·加维特（Gretchen Gavett），蒂娜·西尔贝曼（Tina Silberman），卡伦·普莱耶（Karen Player），凯特·亚当斯（Kate Adams），埃米·波夫塔克（Amy Poftak）以及主编阿迪·伊格内塔斯（Adi Ignatus）。他们充满创意的想法、耐心的鼓励以及对新事物的积极态度给了我巨大的鼓舞。在此感谢《哈佛商业评论》的全体人员。

写《叛逆天才》的初稿时，我胸有成竹，满心期待，准备提交手稿，让加雷思·库克（Gareth Cook）过目。他给我提出了许多有益反馈和新颖指导，让我重新打磨了每个章节。我和他讨论了书中的每个观点，他的耐心、高标准以及罕见的才能让书中的观点更加完善。我以为自己遇到了一位图书博士，没想到我碰上的是一位充满好奇心且犀利的“点子教练”，他真心为这个项目着想。谢谢你，加雷思！谢谢你看到我的思想火花，推动我不断地完善想法，尽管前路并不明晰，但它却依然鼓舞我继续进步。

感谢我的委托人马克斯·布罗克曼（Max Brockman），当这本书还只是构想的时候，他就看到了其中的潜力。在我选择出版商的时候，马克斯的建议可谓金玉良言。和他共事非常愉快，虽然我给他添了不少麻烦。

在这本书的出版过程中，戴伊街图书出版社（Dey Street）的编辑杰茜卡·辛德勒（Jessica Sindler）帮助我通读了多次草稿，并且总是耐心细致地给出完善建议。杰茜卡对这本书的热情给了我莫大鼓舞，遇到她我备感幸运。

我还要感谢我的朋友，作家兼编辑凯蒂·尚克（Katie Shonk），她多次阅读了书中的每个章节并提出修改建议，让文章表达更加清晰，让内容更加引人入胜。她一路上给了我无数宝贵建议，与她相识多年，我一直受益于她善意的帮助。

本书中的研究活动与故事基于大量的文献和图书研究，几百场访谈，无数次的航程，几十次到世界各地公司的访问，以及和同事、高管以及朋友之间的几千次对话。我庆幸自己有机会在本书所提及的研究中与那么多优秀的学者合作，他们是：琳达·阿尔戈特（Linda Argote）、丹·阿里利（Dan Ariely）、艾玛·埃夫林（Emma Aveling）、西尔维娅·贝莱扎（Silvia Bellezza）、伊桑·伯恩斯坦（Ethan Bernstein）、艾莉森·伍德·布鲁克斯（Alison Wood Brooks）、丹尼尔·凯布尔（Daniel Cable）、蒂奇亚纳·卡塞洛（Tiziana Casciaro）、蒂法尼·常（Tiffany Chang）、贾达·迪·斯蒂法诺（Giada Di Stefano）、莫莉·弗里恩（Molly Frean）、亚当·加林斯基（Adam Galinsky）、伊夫琳·戈斯内尔（Evelyn Gosnell）、亚当·格兰特（Adam Grant）、保罗·格林（Paul Green）、布赖恩·霍尔（Brian Hall）、卡伦·黄（Karen Huang）、劳拉·黄（Laura Huang）、迪瓦斯·KC（Diwas KC）、阿娜特·凯南（Anat Keinan）、塔米·金（Tami Kim）、阿塔·杰米（Ata Jami）、李江（Li Jiang）、玛利亚姆·柯察基（Maryam Kouchaki）、里克·拉里克（Rick Larrick）、朱莉娅·李（Julia Lee）、乔舒亚·马戈利斯（Joshua Margolis）、朱莉娅·明森（Julia Minson）、埃拉·迈伦－斯佩克特（Ella Miron-Spektor）、比尔·麦克维利（Bill McEvily）、迈克·诺顿（Mike Norton）、加里·皮萨诺（Gary Pisano）、简·赖森（Jane Risen）、欧福尔·塞泽尔（Ovul Sezer）、朱莉安娜·施罗德（Juliana Schroeder）、莫里斯·施魏策尔（Maurice Schweitzer）、摩根·希尔兹（Morgan Shields）、萨拉·辛格（Sara Singer）、布拉德·斯塔茨（Brad Staats）、朱莉安娜·斯通（Juliana Stone）、索尔·桑特（Thor Sundt）、利·托斯特（Leigh Tost）、迈克·约曼斯（Mike Yeomans）、凯瑟琳·福斯（Kathleen Vohs）、卡梅伦·赖特（Cameron Wright）、伊夫琳·张（Evelyn Zhang）及张婷（Ting Zhang）。多亏大家——是你们对科学的付出，你们慷慨真诚的反馈以及源源不竭的想法成就了这次研究，让我感受到诸多快乐。

感谢哈佛商学院谈判、组织和市场教研组的同事们帮我集思广益有关叛逆者的问题，并给予我一个愉快的工作环境。谢谢同事们：马克斯·巴泽曼（Max Bazerman）、约翰·贝希尔斯（John Beshears）、艾莉森·伍德·布鲁克斯、凯瑟琳·科夫曼（Katherine Coffman）、本·埃德尔曼（Ben Edelman）、克里斯蒂娜·埃克斯利（Christine Exley）、杰里·格林（Jerry Green）、布赖恩·霍尔、莱斯利·约翰（Leslie John）、詹恩·洛格（Jenn Logg）、迈克·卢卡（Mike Luca）、迪帕克·马尔霍特拉（Deepak Malhotra）、凯瑟琳·麦金（Kathleen Mcginn）、凯文·莫汉（Kevin Mohan）、马修·雷宾（Matthew Rabin）、乔舒亚·施瓦茨斯坦（Joshua Schwartzstein）、吉姆·塞巴尼斯（Jim Sebenius）、古汉·苏布兰马尼安（Guhan Subramanian）、安迪·瓦什楚克（Andy Wasynczuk）和阿什利·惠兰斯（Ashley Whillans）。我庆幸自己能与各位在同一楼层办公并有机会向各位请教。

这些年我遇到了许多叛逆者，是他们给了我创作这本书的灵感。我由衷地感谢主厨马西莫·博图拉、他的妻子劳拉·吉尔摩（Laura Gilmore），还有朱塞佩·帕尔米耶里、亚历山德罗·拉加纳（Alessandro Lagana）、恩里科·维诺里（Enrico Vignoli）以及弗朗西斯卡纳餐厅其他才华横溢的员工们。感谢皮克斯工作室的埃德·卡特穆尔总裁在生日当天抽出大块时间与我谈话，他睿智好学、言谈谦逊，我们的交谈畅快淋漓。我还要感谢萨利机长、斯科特·库克，格雷格·戴克，道格·柯南特，雷切尔·庄、皮特·多克特，安德鲁·戈登（Andrew Gordon）、丹·斯坎伦（Dan Scanlon）、乔纳斯·里韦拉（Jonas Rivera）、杰米·伍尔夫（Jamie Woolf）、帕特里夏·菲力－克鲁希尔、莉拉·詹纳、梅洛迪·霍布森、安德鲁·罗伯茨、彼得·利森（Peter Leeson）、里卡多·德莱亚尼（Riccardo Delleani）以及所有百忙之中抽时间参与访谈的人士。他们渊博的知识、新颖的见解以及对待生活的态度让我刻骨铭心。

谢谢詹尼·洛伦佐尼（Gianni Lorenzoni）、萨莉·阿什沃思（Sally Ashworth）、加里斯·琼斯（Gareth Jones）、布鲁诺·兰博基尼（Bruno Lamborghini）、阿维·斯维尔德洛（Avi Swerdlow）、安东尼·阿卡多（Anthony Accardo）、迈克·惠勒（Mike Wheeler）、泰勒·卢察克（Taylor Luczak）、萨拉·格林·卡迈克尔（Sarah Green Carmichael）以及凯瑟琳·麦金，谢谢各位帮忙联络叛逆者。

另外，感谢研究助理和校对员苏珊·张伯伦（Susan Chamberlain）、利贾德·丘斯托维奇（Rijad Custovic）、伊万·德津塔斯（Ivan Dzintars）、阿妮莎·辛普森（Annisha Simpson）、卡姆·黑格（Cam Haigh）以及勒奥·泰科尔（Leoul Tekle）在紧迫的时间压力下依旧乐观工作。杰夫·斯特拉波恩（Jeff Strabone）为本书进行了详细注释，感谢他如此精益求精的态度。哈佛商学院贝克图书馆服务中心的亚历克斯·卡拉库佐（Alex Caracuzzo），杰弗里·克罗宁（Jeffrey Cronin），芭芭拉·埃斯蒂（Barbara Esty）和里斯·塞维尔（Rhys Sevier）耐心地帮我查找关于纽约竞技场剧院的历史，几世纪以来各种钻石切割技术的细节等各种信息。谢谢大家不厌其烦的帮助。我的教学支持专员梅格·金（Meg King）也给我提供了巨大的帮助，她不仅耐心地阅读本书的草稿，而且总能在紧急关头伸出援手。要不是梅格出手帮助，我的工作会是一片凌乱。

本书的很多观点是在课堂中和几百位高管的沟通中完善而成的。感谢学员们的反馈和评论，让我加深了对叛逆天才的了解。在本书的写作中，我得到了很多在哈佛商学院高管教育项目中授课的机会，为此，我要感谢戴维·阿格（David Ager），凯茜·科汀斯（Cathy Cotins），吉姆·多德（Jim Dowd），帕姆·哈拉根（Pam Hallagan），德博拉·胡珀（Deborah Hooper），阿尼·哈拉扬（Ani Kharajian），贝丝·诺伊施塔特（Beth Neustadt），卡拉·蒂什勒（Carla Tishler）以及许多同事对我的支持，使我有机会在课堂上分享我的想法。

每当我需要反馈的时候，朱迪丝·沙布（Judith Schaab），卡门·雷诺（Carmen Reynold）和加里·皮萨诺总是慷慨地抽出时间，细致地阅读每一页。我深知大家的时间宝贵，感谢你们抽空帮我完善手稿。同时感谢伊丽莎白·斯威尼（Elizabeth Sweeny）帮我捋了无数遍前言部分，而且总是提出新的完善建议。

感谢哈珀柯林斯出版社（Harper Collins）的琳恩·格雷迪（Lynn Grady），本·斯坦伯格（Ben Steinberg），肯德拉·牛顿（Kendra Newton）和海迪·里克特（Heidi Richter），是他们策划将叛逆天才的秘密带给读者。

还要感谢哈佛商学院的研究主任特蕾莎·阿马比尔（Teresa Amabile），研究主管简·里夫金（Jan Rivkin）以及院长尼廷·诺里亚（Nitin Nohria）对我工作的坚定支持。如果没有他们多年来的支持、关注及鼓励，就不会有这本书。还要特别感谢史蒂夫·奥唐奈（Steve O'Donnell）一直帮我把控支出：史蒂夫，我保证今年不会超出预算。

一边写书一边照顾三个年龄不足五岁的孩子并不容易，在我不能陪伴他们的时候有人无微不至地照顾他们，这让我得以安心地完成本书的写作。我要感谢悉心照顾这些小家伙的人们。格伦达（Glenda）和米纳·查维斯（Mena Chavez），谢谢你们对我们家付出的爱，谢谢你们给我带来的温暖。谢谢杰拉·查维斯（Jayla Chavez）经常在放学后陪我们，逗小家伙们开心，为他们做出了行为榜样。

我要把最深的谢意献给我的母亲。难以相信我已成年，却依旧需要您帮忙，感谢您愿意一年多次飞跃重洋来帮我。如果没有您的慷慨相助，我不可能写成这本书。谢谢我的哥哥达维德（Davide）、姐姐埃莉莎（Elisa），还有我的父亲。谢谢你们把妈妈“借给”我这么长时间，谢谢你们对我工作的理解和支持。

最后，我要感谢我的另一半，格雷格·伯德（Greg Burd）。在写作这本书的时候，我打破了许多常规，经常熬夜，和格雷格常常谈论研究思路——你是个好丈夫。谢谢你的宽容，谢谢你对我在工作上的不断鼓励以及在家庭中的付出。是你让我在写作毫无进展的时候依然开心。遇到你我是如此幸运，每当看到我们那三个可爱的小叛逆者，我都更加确认这一点！

2018 年 1 月 3 日

马萨诸塞州剑桥市

注释

前言　准备就绪！

001 弗朗西斯卡纳餐厅的故事：2016 年 6 月 7 日至 11 日对博图拉的个人访谈；2016 年 5 月至 6 月对弗朗西斯卡纳餐厅员工的个人访谈；2016 年 7 月 26 日至 27 日对餐厅的访问。

第三章　消失的大象

079 当时间为 12 点时，分针在时针的正上方。请问，每天有多少次分针恰好在时针正上方，并解释你如何算出这一具体数字？下面是解法。

12 点过后，分针走在时针前面。分针绕行一周重回到 12 的位置是一小时之后（即 1 点整），此时时针指向 1。5 分钟后，分针走到 1，几乎位于时针的上方，但差那么一点儿，因为此时时针已经稍稍向前移动了一点。所以，12 点之后分针与时针重合的时间是 1:05 稍过。同样，下一次重合发生在 2:10 稍过，然后是 3:15 稍过，以此类推。分针和时针第 11 次重合发生在 11:55 之后，此时一定是 12 点整。所以，分针和时针每 12 个小时重合 11 次。为了回答问题的后半部分，你需要算出每个小时要加上的那些少量时间。12 点后，时针和分针重合 11 次，由于指针匀速绕行，这 11 次重合在时钟上平均分布，所以它们相距 1/11 个小时，即 5.454 545 分，因此要加上的那些时间是 0.454 545。因此，时针和分针重合的确切时间是 1+1/11，2+2/11，3+3/11，一直到 11+11/11，即 12 点整。

第四章　哈德逊河成跑道

092 航空管制中心："仙人掌"是全美航空公司航班的无线电呼号。该公司在与前美国西部航空公司合并后，选择了这个呼号。

100 血管支架：2015 年 4 月至 5 月在一家波士顿医院与三位医生的访谈。

第五章　难以接受的事实

127 我让学生做了一个小测试：这一测试在心理学文献中被称为"内隐联想测验"（Implicit Association Test）。如果你想了解更多，可以阅读最早提出这一测试的文章：Anthony G. Greenwald. Debbie E.McGhee, Jordan L. K. Schwartz, "Measuring Individual Differences in Implicit Cognition: The Implicit Association Test,"

Journal of Personality and Social Psychology 74, no.6 (1998): 1464-1480。

142 德意志银行艾琳·泰勒的故事：来自 2013 年 2 月和 3 月与德意志银行员工的访谈。

145 更加积极的工作环境：与丹·阿里利（杜克大学）和伊夫琳·戈斯内尔合作。

147 将其视为问题，而非机会：弗吉尼亚大学的马丁·戴维森（Martin Davidson）通过研究发现，那些依赖传统方式进行多样化管理的公司普遍效率低下，而那些关注于利用差异的公司在长远发展上更为成功。参见 Martin N. Davidson, *The End of Diversity as We Know It. Why Diversity Efforts Fail and How Leveraging Difference Can Succeed*（Oakland, CA: Berret-Koehler Publishers, 2011）。

第六章　奇克斯教练唱国歌

156 斯科特·库克的故事：2014 年 5 月、2015 年 5 月和 2016 年 10 月与斯科特·库克的个人访谈。

158 提高成绩。参见 Xiaodong Lin-Siegler, Janet N. Ahn, Jondou Chen, et al., "Even Einstein Struggled: Effects of Learning About Great Scientists' Struggles on High School Students' Motivation to Learn Science." *Journal of Educational Psychology* 108, no.3 (2016): 314-328。一项 2012 年在中国进行的研究发现了相似的结论：当学生读到科学家的奋斗经历时，他们将科学家视为需要克服困难的普通人；当学生读到科学家的成就时，会把科学家看作是天赋异禀的特

殊人。该研究中，读到奋斗经历的学生在实验室的一项任务上表现得更好。Huang-Yao Hong and Xiaodong Lin-Siegler, “How Learning About Scientists’ Struggles Influences Students’ Interest and Learning in Physics,” *Journal of Educational Psychology* 104, (2012): 469–484.

165 一笔一画的背后：2016 年 6 月 26 日与达维德·迪·法比奥的个人访谈。

171 雷切尔·庄的故事：2016 年 4 月 27 日与雷切尔·庄的个人访谈。

177 梅洛迪·霍布森的故事：2014 年 11 月 4 日、2014 年 12 月 8 日、2016 年 8 月 9 日与梅洛迪·霍布森的个人访谈。

第七章　故事的秘密

182 恪尽职守、全情投入和精力旺盛：专注的概念较为宽泛，与另一个概念“心流”有所不同。“心流”的概念最早由心理学家米哈里·契克森米哈赖（Mihaly Csikszentmihalyi）提出，是人们在全身心投入某项活动时的一种整体感受，与外部奖励无关。心流和专注都是全神贯注的状态，但在概念上不同。心流与特定的活动相关，而专注更为普遍。心流通常被视为一种极致体验。相反，专注在多个领域都可以出现。研究发现，那些在工作中专注的人，往往在家里也会专注。

186 看完视频后：生产效率数据是以每小时采收的番茄吨数来衡量的——用收割队轮班的小时数除以这个收割队轮班时采收的番茄吨数。我们在干预后获得的轮班次数数据有所差异，因为采收季的长短主要由降温和降雨的开始时间所决定，而且每个州的情况也不一样。结果，我们针对不同采收者所收集的干预后记录数量不同——1~26 次，平均为 13.06 次。完整文章见于：Paul Green Jr., Francesca Gino, and Bradley R. Staats, "Seeking to Belong: How the Worlds of Internal and External Beneficiaries Influence Performance," Harvard Business School Working Paper 17–73（2017）。

第八章　叛逆领袖

211 传奇黑巴特：他在三年的海盗生涯中，共捕获 400 多条船。类似于这里提到的章程在海盗船上相当普遍。

216 名为"做加法"的技巧：2017 年 3 月 31 日对皮克斯公司埃德·卡特穆尔的个人访谈。

217 自己的做事原则等等：2014 年 10 月 10 日对道格·柯南特的个人访谈。

220 五种质地和温度：2016 年 7 月 26 日至 27 日在弗朗西斯卡纳餐厅的访谈。

224 德尔蒙特罐头厂：2017 年 3 月 31 日对皮克斯公司的访谈。